Springer

食品感官评价
实验指导

著　【美】Harry T. Lawless

主译　王永华　刘　源

中国轻工业出版社

图书在版编目(CIP)数据

食品感官评价实验指导／(美)哈里·T. 劳利斯著;
王永华,刘源主译. --北京:中国轻工业出版社,2021.2
国外优秀食品科学与工程专业教材
ISBN 978-7-5184-2516-7

Ⅰ.①食… Ⅱ.①哈… ②王… ③刘… Ⅲ.①食品
感官评价—实验—教材 Ⅳ.①TS207.3-33

中国版本图书馆CIP数据核字(2019)第116201号

First published in English under the title *Laboratory Exercises for Sensory Evaluation* by Harry T. Lawless, 1st edition by Springer Science+Business Media, LLC Copyright © Springer Science + Business Media New York 2013*

This edition has been translated and published under licence from Springer Science+Business Media, LLC.

Springer Science+Business Media, LLC takes no responsibility and shall not be made liable for the accuracy of the translation.

责任编辑:伊双双　罗晓航
策划编辑:伊双双　　　责任终审:唐是雯　　封面设计:锋尚设计
版式设计:砚祥志远　　责任校对:方　敏　　责任监印:张　可

出版发行:中国轻工业出版社(北京东长安街6号,邮编:100740)
印　　刷:三河市万龙印装有限公司
经　　销:各地新华书店
版　　次:2021年2月第1版第1次印刷
开　　本:787×1092　1/16　印张:10.25
字　　数:230千字
书　　号:ISBN 978-7-5184-2516-7　　定价:55.00元
邮购电话:010-65241695
发行电话:010-85119835　传真:85113293
网　　址:http://www.chlip.com.cn
Email:club@ chlip.com.cn
如发现图书残缺请与我社邮购联系调换
180189J1X101ZYW

《食品感官评价实验指导》翻译人员

主　译　王永华(华南理工大学);刘源(上海交通大学)

副主译　许飞(河南工业大学);史波林(中国标准化研究院);刘登勇(渤海大学);
　　　　蓝东明(华南理工大学)

译　者　第1章　　刘登勇(渤海大学);许飞(河南工业大学)

　　　　第2章　　于海(扬州大学)

　　　　第3章　　冯云子(华南理工大学)

　　　　第4章　　史波林(中国标准化研究院);许飞(河南工业大学)

　　　　第5章　　田怀香,于海燕(上海应用技术大学)

　　　　第6章　　黄明泉(北京工商大学)

　　　　第7章　　蔡磊,田师一(浙江工商大学)

　　　　第8章　　冯涛,宋诗清(上海应用技术大学)

　　　　第9章　　刘源,李蓓(上海交通大学);吴娜(江西农业大学)

　　　　第10章　陶永胜(西北农林科技大学);谷风林(中国热带农业科学院)

　　　　第11章　解万翠(青岛科技大学)

　　　　第12章　张璐璐(中国标准化研究院);郑晓吉,魏长庆(石河子大学)

　　　　第13章　倪辉(集美大学);范刚(华中农业大学)

　　　　第14章　曾晓房,杨娟(仲恺农业工程学院)

　　　　第15章　郑宇,王敏(天津科技大学)

　　　　第16章　施文正(上海海洋大学)

译者序

在过去的 20 年间,感官科学及其相关领域都取得了长足的进步,例如,2004 年的美国科学家 Buck 和 Axel 因发现嗅觉受体基因而获得诺贝尔生理学或医学奖。同时,统计方法学的进步也在加速。感官计量学会议现在已经成为活力四射、参与人数众多的年度盛会。在消费品领域,从消费者到研发人员,人们对感官科学的了解越来越全面,该领域对专业技术人员的需求也在不断增加。

虽然在国际上,感官科学在过去 20 年中取得了长足的发展,但在我国,感官科学以及与其联系最为密切的食品风味科学仍处于起步阶段。对于感官评价,由于不可避免地涉及人类参与者,而人类参与者不同的遗传差别、敏锐性、感官能力和个人偏好都在不同程度地限制着感官评价的测试和结果,因此,虽然感官科学相关领域的技术在不断进步,感官科学测试知识以及方法的标准化才是推进感官科学发展、克服人类参与者弊端的关键。由 Harry T. Lawless 编写的《食品感官评价原理与技术》(*Sensory Evaluation of Foods : Principles and Practices*)是一本闻名遐迩、专业性极强的感官评价类书籍,世界上许多知名食品院校都将此书作为专业推荐参考书,原书的作者通过在康奈尔大学几十年的教学和实践经历,编撰了这本极具科研价值的感官评价科研用书。该书通过翔实易懂的语言向读者系统、深入地阐述了感官评价的原理以及基础的科学问题,以期帮助读者更好地了解、掌握感官评价的原理及方法。

而本教材作为《食品感官评价原理与技术》(*Sensory Evaluation of Foods : Principles and Practices*)的附加手册,是该书在食品感官评价本科生或研究生课程中的配套教材。全书提供了 11 个完整的 3 小时实验练习,以及 4 个适合传统课时的较短练习。每个练习都包括学生部分和教师及助教部分,其中有详细的说明,包括用品、设备、准备程序、选票和数据表。每个指导教师部分还包括"实验成功的关键和注意事项",内容涵盖了常见的错误和重要的细节,旨在最大限度地让学生获得丰富的学习体验。

参与本书翻译工作的主要人员为全国十余所大专院校的专家学者,王永华、刘源、许飞、刘登勇、于海、冯云子、史波林、田怀香、于海燕、黄明泉、蔡磊、田师一、冯涛、宋诗清、李蓓、吴娜、陶永胜、谷风林、解万翠、张璐璐、郑晓吉、魏长庆、倪辉、范刚、曾晓房、杨娟、郑宇、王敏、施文正、蓝东明共同完成了本书内容的翻译,全书由许飞负责总校译,其中研究生韩锐、卫攀杰在辅助校译工作中做出了突出贡献。

本教材可作为普通高等学校食品类专业及相关专业教材或参考书,也可作为从事食品领域研究的科研院所、高等院校科研人员的工具书,还可为感官评价应用人员提供指导帮助,对于食品行业产品研发、生产、管理和营销人员亦有一定的参考价值。

因本书专业性强、难度大,给翻译工作带来了一定困难,虽历经了反复斟酌和多次修改,但错漏之处在所难免,恳请广大读者批评指正,以期再版时加以修正。

译者

2020 年 10 月

前　言

实验技能练习是科学研究教育必不可少的一部分。它们教会了学生如何操作不同类型的实验以及从中学习实验步骤。当然,只通过授课教学和书本学习来传授感官科学的知识也是可能的,但我们的宗旨是通过学生自己动手实验来获得更深刻的理解。实验技能练习为加强对课堂上讨论的概念、原理和实际应用的理解提供了非常重要的机会。而且,感官评价本身就是一门实验方法、统计分析和恰当准确的结果分析相结合的学科。实际动手操作实验是学习实验、分析和结论的最好方式。没有身临其境进行实验操作,理解和记忆许多方法和实践中的重要细节是一件非常困难的事情。

感官评价实验课程的目的:

(1)教会学生如何建立和进行感官实验。

(2)传授感官实验中数据分析的经验。

(3)帮助学生更好地理解实验结果的意义。

(4)帮助学生完善撰写报告和行业备忘录的能力。

(5)为学生提供参加感官实验的机会和经验。

(6)加强感官科学讲课过程中所传授的信息和知识。

(7)提供使用不同感官评估不同产品的机会和经验。

感官科学不像化学和生物学学科,它们的分析过程都可以非常细致的方式清楚明白地讲述,然后进行操作。然而,每一种食品都是不同的,对于感官科学来说,最大的挑战在于设计适合该产品的感官实验以及如何将感官实验设计得既有敏感性又不带有主观偏见。这就需要灵活的应变能力,是非常具有挑战性的,同时那些按部就班死记硬背实验步骤的人也会感觉不安且难以适应。在这里,需要声明的是实验步骤是可以根据不同情况进行修改的。希望每位教师都可以将这些实验技能作为一个起始点,让学生运用他们自己的专业知识和技能对实验进行修改和讨论。

本教材的内容包含 11 个较长的实验技能练习(从第 3 章到第 13 章)。3 小时的实验时间比较适合这些实验技能的培养,但是如果前期准备充分一些,所需要的实验时间就会相应地减少。第一堂实验课程侧重于感官评价员的筛选和检验个人味觉和嗅觉的敏感度。3个实验与差别检验、阈值检测和信号检测理论相关。2 个标度的实验练习包含不同方法的比较以及时间-强度标度法。3 个练习涉及相关实验室描述分析,包括风味剖析、评价表和专业术语的产生,以及相关标准的使用。最后,2 个实验重点介绍可接受性和偏好检验,以及产品的优化。第 14 章介绍了一个描述性分析的集体项目,主题更适合集体的共同努力。在第 15 章中一共有 4 个简短的练习,分别是概率、保质期、消费者问卷和一个很难处理的肉类产品的实验步骤的设计。最后一章举例说明了一些数理统计的问题,这些数理统计的问题也可作为实验课程的一部分或者感官科学的主要理论课程。

　　目前的工作中,除了第 11 章使用参考标准外,所有的实验室练习都以同一个或者其他形式在康奈尔大学食品科学系的感官评价课程中执行了很多年。第 11 章的练习是以培训描述性感官评定小组或者自己成为一名感官评价员的实际经验为基础的,因此,我个人非常有信心,可以完全按照第 11 章文中所述进行实验或者只需要进行小幅度的修改。在康奈尔大学,课堂学生大部分是由高年级(第四年)的本科生或者一些研究生组成。此课程若给低年级学生上,那么可以考虑对部分实验活动进行简化和修改。

　　本书需要着重感谢加州大学戴维斯分校的 Hildegarde Heymann 教授。由于 Heymann 教授在密苏里大学担任终身教职,她的很多同事和学生都很熟悉她。密苏里大学是我们首先开始着手感官评价教材框架的地方,然后她回到加州大学戴维斯分校担任了葡萄种植和葡萄酒学项目感官科学的领导职位。大约 20 年前,Heymann 教授在食品科技研究所感官评价部门的赞助下,为编写感官评价的实验技能练习教材做出了很多贡献。我们当中的很多人都为这本教材做出过贡献,这可以从标度法和可接受性/偏好检验这些实验技能练习中看出。由于感官科学领域专业人士匮乏,以及我们很多“老手”认为能够分享一些感官实验技能,因此本教材原本是用于对感官评价新手的指导。那本教材对构架本教材具有非常大的影响力。甚至更早期,Pangborn 教授实验室的文献以某种方式也在我的手上,相信这是来自于 Suzanne Pecore 归档整理的功劳。它的详细程度让人大开眼界。我自己的另一个重要资源是我的本科生感官心理学课程,以及实验室中来自于 John B. Pierce 基金会的科学家,特别是(按字母顺序)Ellie Adair、Linda Bartoshuk、Bill Cain、Larry Marks 和 Joe Stevens。我有很多化学理论和实验课程,但是这和与人类数据相关的心理学实验课程是截然不同的。

　　由于其他一些原因,Heymann 教授不选择合著现在这本教材,但这是我们很早以前就有的心愿和打算——完成《食品感官评价原理与技术》(*Sensory Evaluation of Foods: Principles and Practices*)的姐妹篇。这是 Lawless 和 Heymann 合作完成的第二本书。在编写本书的不同阶段,Heymann 教授贡献了无价的指导和评论,同时也提供了她自己在葡萄种植和葡萄酒学专业感官评价课程中实验技能练习的副本。从许多方面来看,她都应该是本书的第二作者。

　　Susan Safren 和她在 Springer 出版社的同事为这个项目提供了耐心细致的编辑指导。她在一系列教材架构和组织的更改上对我非常宽容,特别是在我们考虑将实验室需要的感官指导员和学生这部分内容作为独立内容,或者独立出书时。最后,现在的作者融合了给学生的内容和给实验指导教师的内容,将每一个练习以章节的方式进行呈现,这些内容都可以独立购买或者下载。但是,内容合并的负面影响是如果学生事先阅读章节,那么他们并不能完全对待测样品的特性视而不见。对于我的学生和助教,我也深表感谢。这些年来,许多助教都提出了重要的问题,许多关系实验过程的潜在问题也随之产生。为了避免这些潜在的错误和问题,本书中每一章的指导部分中都介绍了“实验成功的关键和注意事项”。总体来说,我在康奈尔大学的助教竭尽全力,辛勤工作,关注细节,并且教了我很多知识。教育是一条双行道。Edgar Chambers IV 教授为风味剖析法的实验操作提供了素材来源,我第一次了解风味剖析法是在 20 世纪 90 年代中期堪萨斯州大学的研讨会上,非常有意思,因此,我做了简单修改,将其融入我自己在康奈尔大学的课程中。非常感谢 Edgar. John

Horne,我的实验室经理,在他的努力下,绝大部分实验技能的练习都在逐步形成,他也为早期的版本提供了编辑意见。Kathy Chapman 也为本书的编辑付出了很多年的努力。评论和建议请直接反馈给主编:htl1@ cornell. edu。

Harry T. Lawless
Ithaca, NY, USA

目　录

第Ⅲ部分　简要练习和小组项目

第Ⅳ部分 感官评价统计问题集

第 I 部分
引言和一般说明

学生入门指南

1

1.1 概述

食品感官测试的原则与方法一般可通过演示实验和练习来向学生进行讲解,同时应注意数据收集、统计分析和结果诠释。实验结束后,需及时记录并计算、整理相关结果。每个实验对其报告格式可能有不同要求,请按照默认格式或者指导教师和课程的规定进行撰写。

积极参与这些实验,可提高学生对本课程的学习兴趣、增强学生的感官意识。同学们应努力培养以下技能:实验操作过程中的细心与专注力,获得可靠而有效的实验结果的关键方法,感受书面和口头报告中专业精神的重要性。

1.1.1 实验参与准则

这些实验均属教学演示,而非研究性实验。学生通常作为实验组织者和感官评价员来参与,因此经常可以预先知道实验的性质,这就很容易会试着揣测实验结果,但应尽量避免这样做,并且记住:最为重要的往往不是实验结果,而是学会如何做这些实验。

在参与实验期间,请勿使用香水、须后水、护手霜等带有浓郁气味的产品,否则可能会被拒绝进入感官实验室。除了水以外,不要带任何食物或饮料进入实验室。接触样品容器之前请先洗手。请尽量不要碰触杯口。如果样品是按照类似家庭聚餐方式分发下去的,除个人品尝匙之外,还应额外提供一把公用匙,注意不要将二者混淆,也不要用个人品尝匙从公共容器中取样。品尝结束后,请将垃圾放入指定容器中,洗净盘子和漱口杯,或按要求处理。

1.2 独立实验或小组实验

1.2.1 独立实验

(1)每个人都必须独立操作。

(2)每次实验结束后,均需采用实验手册(或课程网站)中规定的某种格式撰写实验报告。如果未指定,请使用标准格式。

(3)简明扼要地回答要求讨论的问题。

(4)注明参考文献,如有需要,也包括教材中的具体章节。

(5)报告必须电脑打印。

(6)报告将根据内容、组织结构、对材料的理解论证、语言表达和工整程度来进行评分。动笔之前请先熟悉课程和/或网站要求。根据实验难度和工作量,实验报告可以采用五分制或十分制进行评分。

1.2.2 小组实验

(1)同一小组两名同学可以合作完成数据输入、统计分析和图形绘制等工作,但必须独立提交实验报告。图形可以共用,但数据分析和结论必须独立撰写。每个人都要对所有材料的准确性和工整性负责(如果你的搭档做得很好,你也受益;反之,你也会跟着丢分)。务必在报告封面上注明搭档的姓名。

(2)若结果和文献报道一致,请注明。若结果和预期或文献不符,请分析错误结果的可能原因或实验的改进方案。

(3)简明扼要地回答要求讨论的问题。

(4)注明全部参考文献。如果只是阅读了某篇论文但在报告中并未引用,则不需列出;只写实际引用的文献。

(5)报告必须电脑打印。

(6)报告应简明扼要,但务必完整。每一份报告都必须遵循具体给定的格式要求。报告可能被要求以不同的格式撰写。

(7)报告将根据内容、组织结构、对材料的理解论证、语言表达和工整程度来进行评分。动笔之前请先熟悉课程和/或网站要求。根据实验难度和工作量,实验报告可以采用五分制或十分制进行评分。

1.3 实验报告格式

1.3.1 特定报告格式

此处给出的例子是为特殊情况而制定的通用格式。上文讨论的某些内容可能不适用或不需要使用该格式。在行业内,高层管理者很少阅读超过一页或两页以上的内容,因此常使用备忘录格式,这就要求确保在第一页即可获得主要信息。如果需要,任何对以前的研究发现或现有文献的讨论或比较,都应包含在备忘录的正文中,通常是在结论或结果中。务必符合课程大纲、教学计划或课程网站中具体实验室所要求的正确格式。

1.3.1.1 简明报告格式

报告必须包含以下信息:

(1)实验报告的标题和编号,学生姓名和学号,提交日期。

(2)实验目的。

(3)实验方法(简要说明)。

(4)实验结果(和独立实验的要求保持一致)。

    a. 用文字描述所发生的情况。

    b. 用统计分析的方法支持所描述的内容。

    c. 如有需要或要求,请提供图形和表格。具体参考绘图指南。

(5)回答所讨论的问题。

(6)附录:统计分析中所用到的计算过程需要手写完成,即不使用统计程序。

(7)参考文献

注:无须附加原始数据。

1.3.1.2　完整报告格式

与撰写学术期刊文章类似,这种正式的实验报告必须依次列明下述各项内容:

(1)实验名称和编号。

(2)姓名和日期(如果是合作实验,应同时注明搭档姓名)。

(3)摘要:概述实验目的、结果和结论,限300字。如果是在产业界写这篇报告,这可能就是经理阅读的全部内容,因此务求表达清晰、重点突出。

(4)如果报告需要,简要回顾所使用实验指定的论文、其他阅读资料和教材等,篇幅限定一个自然段。

(5)简要总结制备样品、实验操作和数据分析所用的材料和方法。

(6)结果:这部分包括图、表和统计计算。

    a. 图(另见下文的绘图要求和指南,参见1.5)。

        i. 应有数字编号、完整的题目或标题。

        ii. 应有完整的标记(坐标轴、刻度)。

        iii. 对于每个数据点(如果可能),应在平均值附近标明其离散程度,如标准差、标准误。

    b. 表(参见1.4)。

    c. 统计分析(参见1.4)。

(7)如(4)所述,结合文献对结果进行讨论并做必要的解释说明。首先应表明结果是否支持原假设。解释说明应简明扼要,以证明结论是正确的。对数据的阐释应该合乎逻辑、有条理。

(8)简要回答实验手册中提出的具体问题(如果有)。

(9)根据实验结果,简要表明个人的结论性观点,并提出改进建议和独特见解。

(10)按字母顺序列出所引用的参考文献。按照《食品科学》(*Journal of Food Science*)或其他指定杂志的格式要求,完整列出文献的全部信息。

(11)标明页码,并按顺序钉在一起。

(12)认真校核整个报告,不要只做简单的文字检查。

1.3.2　用于工业和产品研发的其他格式

技术性或工业备忘录应采用下列某种格式。本章附件给出了两页简单格式的报告范例。所有备忘录应清晰、简明、准确。在标题栏,给出备忘录主题。在正文部分,标题有助于读者理解所传达的信息。备忘录通常分为两部分:识别信息和正文。

1.3.2.1　完整备忘录格式

A. 识别信息(范例)

备忘录

致:研发副总裁 I. Newton

来自:感官部门经理 A. Einstein

主题:基安蒂(Chianti)红酒感官测试结果

日期:2009 年 6 月 11 日

在备忘录第二页及其后各页的左上角,经常会有以下信息:收件人姓名、日期和页码。

B. 备忘录正文

备忘录正文总是单倍行距,并应符合给定格式的基本结构。这种格式应该像正式报告的全面提纲那样给读者同样的感受。通过标题和列表来阐明结构。

目的:回答"他/她为什么要告诉我这个?"最好的客观陈述是直接而简洁的。

产品描述:简洁、完整。

结论和建议:对读者而言,这是备忘录最重要的部分。结论不是统计结果,而是从结果中得出的合理事实。建议是根据结论提出的行动方针;在某些公司,这是仅次于标题的重要信息。

结果通常总结在第二页,并构成备忘录的核心。结果是产生结论的依据。视情况而定,摘要可以是一句话,也可以是一段较长的技术性表达的段落。

大多数管理者只会阅读备忘录的第一页(如果你够幸运,也会翻到第二页);但是,如果类似图表等辅助材料传达了重要的信息、进一步解释结果或有助于证明结论,可以将其附上。

1.3.2.2　执行摘要格式

执行摘要包括以下信息,并且必须放在一页上:

(1)题头信息:致、来自、日期、引用(主题)。

(2)研究/实验/报告的目的。

(3)结论。请注意,这些不是统计结果,而是基于结果的合理判断。

(4)建议。只是后续行动方案,而非结论、结果。

如有必要,可按导师要求附上相关材料。

1.4　统计结果报告准则：统计报表的使用

（1）对于所得到的 F 值、t 值、相关系数等统计数据，最多保留三位小数即可，如 $F=7.962$，$t=2.356$，$r=0.581$。如果使用统计软件，结果可能会更加精确，需做四舍五入处理。

对于感官数据，通常只保留一位小数，如 6.7%、9.1%、42.6%（请使用适当方式进行取舍）。一般情况下，所用数值的位数应与标准差值相对应。例如，如果标准差为 0.6，则对应的平均值至多也就保留一位小数；如果标准差为 0.006，则平均值应保留至三位小数（这样的精度比较少见）。

（2）概率（probability）：必须采用预先设定的显著性水平。除非另有说明，大部分情况均为 5%。如果你有更精确的 p 值，当然也可以。

另外：如果一个值在 $p<0.001$ 时差异显著，则在 $p<0.01$ 和 $p<0.05$ 时也显著。如果用星号之类的指示符进行标记，则应仅标记一个星号，因为预设 α 值为 5%。低概率水平只能表示概率值趋近于 0 的可能性，但这不是我们所期望的结果。它们并不能反映影响程度、差异的可能性（$1-p$）或其他任何东西。不要受某些期刊影响，养成使用多个星号的坏习惯（这是不幸甚至错误的）。

（3）在报告中讨论统计结果时应简明、具体、清晰，直接说明结果或区别所在，并用统计数据作为支撑。下面是一些例子：

随着蔗糖含量升高，样品甜度不断增加。样品之间差异显著（$F=21.57$，3/42 df，$p<0.05$），因此……

上升序列比下降序列的值更高（$t=9.035$，14 df，$p<0.05$）。

x 与 y 呈正相关（$r=+0.972$，32 df，$p<0.05$）。随着 x 的增加，y 也增加。

（4）不要使用计算机对表格"按原样"打印。不要简单地剪切和粘贴，而是以可发表的格式制作表格。请参阅表格绘制指南。

（5）方差分析（ANOVA）报告。

　　a. 创建一个方差分析表。

　　b. 标明表号和标题。通过读取标题、表格内容和脚注就能完全理解表格。

　　c. 确定产生方差的原因（主要影响因素：评价员、实验重复数、交互效应等）。

　　d. 用星号（＊）表示显著性，并在脚注中标明级别（例如，$p<0.05$）。如果可用，请使用确切的 p 值。

　　e. 计算最小显著性差异（LSD）（或 Tukey's HSD、Duncan 测试或类似的，如教师允许）以获得显著的主效应。大多数情况下，没有必要计算评价员的 LSD，并且不需要考虑评价方法或评价交流方法。思考为什么？

　　f. 创建均值表。

　　g. 给这些表格进行编号，并确定标题。

　　h. 按平均值升序、降序或其他逻辑顺序进行排列，并用下划线或上标标明显著性差异。如果使用字母作上标，字母不同者表示差异显著，这可在脚注中予以说明。

统计表格示例如表 1.1、表 1.2 和表 1.3 所示。

表 1.1　　　　　　　　　　　赤霞珠葡萄酒感知涩味方差分析

来源	自由度	平方和	均方	F 值和显著水平
评价员	4	12.311	3.078	6.6*
葡萄酒	2	90.844	45.422	96.8*
子样本	2	0.311	0.156	0.3
评价员×子样本	8	4.356	0.544	1.2
评价员×葡萄酒	8	21.822	2.728	5.8*
子样本×葡萄酒	4	2.489	0.622	1.3
误差	16	7.511	0.469	

注：* 表示 $p < 0.05$。

表 1.2　　　　　　　　　　　赤霞珠葡萄酒感知涩味的平均值[①]

葡萄酒	CAN 酒厂	HGH 酒厂	LFB 酒厂
酯香平均值[②]	4.3[a]	6.9[b]	8.5[c]

注：①在 $p < 0.05$ 水平下，上标相同者无显著差异。

　　②在 $p < 0.05$ 水平下，LSD = 0.5。

表 1.3　　　　　　　不同赤霞珠葡萄酒感知涩味等级的平均值[①]和 LSD 值

酯香	平均值
Blue Bell	6.9[b]
Central Dairy	8.5[c]
Hershey's	4.3[a]
LSD	0.5[①]

注：①在 $p < 0.05$ 水平下，上标相同者无显著差异。

1.5　图形数据

　　图形是报告、期刊文章、海报等中说明信息的绝佳方式。图形通过说明变量和样本之间的趋势和关系来帮助更好地解释数据。一张好图可以简单、准确和有吸引力地显示其信息，以提高对结果的理解。图形不应重复表中显示的值，反之亦然。

1.5.1　规则和指南

　　绘制一张好图一般需要以下几个重要的步骤：

　　a. 确定你想表达的重要信息。

　　b. 确定应使用哪种类型的图形。前提是你应该熟悉可用的图形类型。

c. 确定读者,并满足读者的需求。

d. 确保用于制作图形的数据正确。

e. 保持整洁。

f. 认真评估完成的图形,意识到不足并努力改进。

每张图都需要注意以下几个方面,不要接受绘图程序中的默认选项:

a. 标题或说明:简单且完整地描述图形。通过标题/说明、坐标轴、关键词和图例就应该能完全理解图形。有些教师可能需要用说明来代替标题。请查看您的课程大纲或网站。

b. 坐标轴:清楚正确地标记所有坐标轴。

i. x(横坐标)= 水平。通常是自变量,即测试的样品,操作过程或时间变量。

ii. y(纵坐标)= 垂直。通常是因变量,即测试的结果,原始数据或处理过的数据(如平均值)。y 轴应该在左侧,即使零点位于图形的中间。

c. 标明零(0)点,除非有日志、年份、类别标度等这些最低值不为零(数值 1~9)的样本。如有必要,可以改变这个规则。

d. 标明平均值或其他中心趋势测量值,绘制原始数据的散点图除外。标明可变的测量值,即标准差、平均值的标准差、LSD 等。对于带有感官数据的Ⅰ型误差线来说,标准差通常是一个很好的选择。因为如果它们不重叠,那么通过 t 检验,这两个点可能是不同的。这样可用肉眼快速观察显著性。如要求这样做,请标明"N",观察的次数用于计算图表上的值。

e. 选择合适的比例绘制 x 轴和 y 轴能充分地反映图中的数据。古希腊黄金比例(约2:3)吸引了大量西方文化读者。避免图形太简短或太单调,否则很难发现规律。

f. 通常,折线要比曲线好。但也有例外,例如,当你做一条趋势线时,特别是非线性或其他意想不到的趋势线,曲线比折线好。

g. 通常,每张图不要超过五组数据。使用不同的线条或符号来区分每组数据,并用关键词或图例标明不同的线条和符号。

h. 在特殊情况下酌情使用对数或半对数坐标轴。

1.5.2　常见图形类型

(1)折线图　用连续的、缩放的或者累积的数据来显示趋势并进行对比。

(2)条形图/直方图　它们是具有离散增量的列图。自变量不一定是连续的,而条形的高度或者说因变量通常以频率计数。条形应该都是相同宽度的。通常,条形图显示绝对量,由单独的条形组成,而直方图则用来表示百分比或比例。如果序列中没有中断,列间可能没有间隔。浮动条形图的条形在中心点上方和下方都有延伸。

(3)雷达图(蛛网图)　起源于一个中心零点,与测量数量成比例向外辐射,如极坐标。这种图形通常用来表示描述性分析的结果。圆形图通常分成相等的部分。投影从一个中心原点向外辐射,到一个符号的距离表示该变量或属性的平均值。使用 Excel 绘制蛛网图(也称为雷达图)的具体说明,可在小组项目的描述性分析部分找到。

1.6 实验报告中常见的问题

1.6.1 内容

(1)没有按要求作总结。

(2)没有按要求进行简明的文献回顾。

(3)没有包括所有的数据分析和图表。请咨询教师或课程网站,以确定是否应该包含或附加原始数据表。

(4)不能正确标注表格、图形和坐标轴。

(5)没有严格检查单个和小组数据。

(6)没有认识到示例的目的和原则。

(7)将统计分析作为自己的目的,而不是将统计结果作为工具来帮助解释实验结果。

1.6.2 写作

(1)写作能力差,导致冗长、费力和/或多余的解释。

(2)过度使用人称代词,例如,"我们发现的数据",以及"我的实验室部分"。替代:这些数据显示……该类回应。

(3)书写方法和结果时未使用过去时态(这些均已发生),例如:"数据收集""结果显示""进行分析""图表显示",以及"结果显著"。

(4)滥用"之间"(两项)和"之中"(超过两项)。

(5)滥用"affect""effect"和"palate""palette"等同形同音异义词。

(6)滥用"数据"(data)这个复数单词。正确的应该是:"这些数据(data)表明……"基准(datum)是单数、拉丁文和中性词。数据(data)是不止一个基准(datum)。

(7)拼写,特别是复数、缩写、所有格和同音异义词。请使用字典和拼写检查软件。另外,必须在提交之前校对报告。

1.6.3 组织和格式

(1)无页码,图、表未编号,图、表标题不当。

(2)装订粗糙:行文随意、印刷不清、图形丑陋、纸张低劣、没有装订、没有校对等。

1.7　附件:报告范本(工业报告)

Clinton 致 Bush

12/2/88

判别方法的比较

发出者:感官部门主管 W. J. Clinton

接收者:研发经理 G. M. Bush

日期:1988 年 12 月 25 日

❖ **背景**

由于糖价上涨,涉及配方变化的成本降低引起了人们的兴趣。本研究调查了我们的紫色饮料混合物的糖含量降低 10% 是否会在味道上显现出不同。第二个问题是几种不同测试方法的相对灵敏度。

❖ **结论**

1. 较低水平的糖显然没有现有配方甜。
2. 成对比较检验比三点检验、二–三点检验和额定差异检验更敏感。

❖ **建议**

1. 应该对消费者接受程度的变化进行测试。
2. 未来,成对比较检验应在已知属性发生变化,并且需要最大化测试灵敏度的情况下进行。

完整的结果和程序细节在报告附录中给出。

❖ **附录**

样本:

20mL 样品;室温(22℃),在紫色饮料混合物中添加 90g/L 或 100g/L 蔗糖,批号 123456。

测试方法:

方法	零假设	对立假设
三点检验	$p = 1/3$	$p > 1/3$
二–三点检验	$p = 1/2$	$p > 1/2$
成对比较检验	$p = 1/2$	$p > 1/2$
额定差异检验	90g/L = 100g/L	90g/L ≠ 100g/L

结果：

三点检验	17/44 正确(*NSD*)
二–三点检验	25/44 正确(*NSD*)
成对比较检验	32/44 正确($p<0.01$)
额定差异检验	平均值（参照样与原样品）= 1.5
	平均值(样品与参照样)= 1.7t(43)= 0.8(*NSD*)

小组成员：

来自一般味觉测试备选库的 44 名员工志愿者(未经培训)。

灯光：

ASTM 标准北方日光。

工作要求日期:1988 年 12 月 23 日

进　行　日　期:1988 年 12 月 24 日

教师与助教指南 2

2.1 常规考虑与重点设计

可以有多种方式,小组工作(报告)或单人工作(报告)。我们在第 1 章已给出了一些很好的报告格式。可以的话,可以将两个报告进行修改或合并,但是否接受提交电子版报告是一个重点问题。学生通常倾向于将报告作为电子邮件的附件发送过来,但这需要助教或指导教师打印材料,否则就必须借助计算机终端进行阅读和评分。提交的实验报告也允许有手写部分,如计算或者图形。

每门课程的教学大纲、网页或材料必须说明格式要求,当然还包括截止日期及可接受的文件传输模式;迟交的报告也是同样要求,其中包括处罚措施等。另一个重要的问题:是否接受二次修改的报告。进行二次实验可以帮助那些在第一次实验中出现了严重错误的学生,确保他们对重要概念的正确理解。一种教育哲学法鼓励对部分学生采用这种做法,但同时指导教师需要做更多的工作。而另一个选择是接受再申报,但上限只有原始分数或总分数的 80%~90%。

2.2 具体的选择

在感官评价课程中进行这些练习可能有几种选择。采取哪种做法可能取决于你所拥有的设施、资源、实验员和助教。这里有几个重要的问题需要在新学期开学之前进行深思熟虑后再做决定。

(1)学生需进行分析实验的次数,同时教师向他们提供多少？统计学往往是感官课程的先决条件,但如果不经常使用,他们就会被遗忘。实验操作为加强统计技术提供了途径。另一方面,如果实验工作量很大,数据采集也可能很大。这样的话,学生可能需要大量的时间和精力进行数据运算,但实验的意义不强。

(2)如果需要统计,那将采用哪些统计程序？一种是让所有的统计工作"手工"完成,即用手动计算器。这可以教会学生对实际的实验数据进行统计测试,但也很费时。第二种选择是使用电子表格程序(如 Excel),可进行求和、求方差等,也可以显示统计公式和计算结果。第三种选择是教所有的学生使用一个统计软件,并向学生提供详细的使用说明。这种方法教学生如何正确使用计算机。最后一种方法是允许学生使用他们想要使用的任何程序,通常是学生在以前的统计课程中已经学会了使用这个程序。这种方法的缺点是,指导教师可能无法解释产生错误的原因,因此,当出现错误时,指导教师无法进行纠正。

类似的问题也会出现在图形及表格中。有些电子表格程序绘制的表格,不是所有的科技出版物都认可的,如默认条件下绘制的表格就是如此。另外,指导教师要花更多精力教一个特定的计算机程序,而不是更基本的原则。

(3)课前,哪些任务由学生来完成?哪些任务由指导教师、实验员或助教完成?让所有的学生为一堂课准备样品是不实际的。一种选择是让他们组成若干团队,并让团队轮流负责每周实验前的准备工作,包括准备部分饮具等。同时你也要相信,学生能够将一些常规的准备工作做好,如准备样品、配制一定浓度的试剂等,而一些关键的操作环节在实验指导教师的指导下由助教或实验员来完成;当然有可能的话,让学生随机排序,设置实验内容,但这些任务应在课堂上完成。一种常见的方法是两名学生一起,一个人为主导者(或者用旧的心理物理学术语来说是实验者),另一个人作为小组成员。但是这种方法很大程度上取决于实验室的资源(如实验员、助教等)。

(4)实验室报告有统一的格式要求吗?还是报告格式取决于实验内容?标准格式(如目标、方法、结果、讨论)的优点是使学生更容易理解,也更容易评分。但并不是所有的实验内容都可以采用统一的格式要求。一些实验需要更多的统计分析,而有些则统计分析较少。以 MRE(Meal,Redy to Eat,快餐)消费者问卷为例,问卷本身就是目的。15.1.1"肉类鉴别测试程序"实验只涉及测试过程的开发和规范。

一个很有吸引力的选择是通过实验来教授不同的写作风格和格式。例如,一些指导教师要求至少有一个实验采用"工业报告格式",这与科技期刊的要求(结论、建议,然后是所有细节)是完全相反的。另一种有用的格式也是必须要求的(如控制在一页之内),学生常常觉得很难,因为他们的报告和论文篇幅较长。有关这些格式的要求在第 1 章中有说明。

2.3 资源和要求

2.3.1 设施

各类实验室中,部分实验室拥有适合做感官评价的小隔间,而有些不适宜用于感官评价。在选择设施或教室时要仔细认真,以便实验能够顺利进行。例如,"风味分析实验室"要求学生围坐在一张桌子旁品尝实验样品,并完成分析过程,这种实验几乎不可能在有固定长椅的实验室或者有固定座位的礼堂或圆形剧场中进行,显然,这些地方也不适合进行品尝分析实验。风味分析实验的优点是在实验中安排要有一定的灵活性,这样在一个实验室中将适当的实验设施进行合理的布置就可以完成多个实验。同时,我们也注意到,这种实验室也不是万能的,所以利用现有实验资源进行一些实验方案的修改以满足实验条件是必要的。

2.3.2 材料和设备

下列原材料是通用的：

(1)提供各种尺寸的塑料(可回收的)无味杯子,包括 1、3、6oz① 的液体和半固态样品。用于盛放漱口水的杯子应该大些且不透明。准备 12oz 杯子装饮用水。使用不同尺寸的杯子盛装漱口水,防止学生混淆二者。虽然有点不合理,但是可行的。

(2)托盘　更倾向于白色硬塑料托盘。与装食品的托盘相反,这种托盘有较高的边缘,可以防止实验材料溢出。

(3)厨房用纸在实验中非常有用,如果发生溅洒,这些纸质品有助于控制溅出液。

(4)与化学实验室相关的玻璃器皿是必需的。根据实验的规模和所需要的容积,500mL、1L、2L 和 4L 的锥形瓶是有用的。确保它们被标记为"仅供食品使用"和/或放置在远离化学/分析用途的单独的存储区域。大的烧杯、量筒,以及不同大小的吸管也是有用的。

(5)各种规格的天平也是需要的。称重最高可达 1kg,小的电子天平也是可以的。

(6)搅拌、混合和带有加热功能的搅拌器也是必需的,如糖的加热溶解。磁性加热搅拌子、搅拌棒是非常有用的。

2.4　厨房/实验室的守则建议

对于厨房帮手和准备者,应遵守一般食品服务标准,包括准备和服务用的外套和塑料手套。应注意保持天平、搅拌盘、热板和所有厨房设备的清洁。同时,由于学生(包括一些助教)不会操作,需要进行事前培训,以免实验原料在加热时导致原料过热,发生烧毁,特别是用微波炉、烤箱和炉具/炉灶加热时更要注意。因此,建立一个如下的实验守则是很有效的:如果你发现上次实验留下的烂摊子,尽管不是你干的,也要清理干净。童子军守则有这样一种说法:"营地在你离开时总是比你发现时更清洁。"人们不应该在实验厨房或实验室区域准备午餐。例如,在厨房水槽中发现剩余的脏盘子(或许是被遗忘了)就是个常见的问题。许多学生习惯于在餐厅用完餐后,妈妈随即进行清理。他们可能会认为脏盘子会奇迹般地消失,特别是当周围有专职人员和/或实验室负责人在的时候。我们不可能指出是谁留下了这些烂摊子,但是"如果它很脏,即使它不是你的",你也必须清理干净,这就是在实验室必须遵守的原则。如果厨房内有自动洗碗机,则应张贴使用规则,如它什么时候被满装、运行和清空。也应该张贴什么东西可以、不可以被冲入水槽,以防止下水道的堵塞。责任应以口头方式传达并进行书面强调。

---

① 1oz = 28.35g 或 28.41mL。——译者注

2.5　挑战与机遇

一组实验的进行将(详见第 14 章)面临许多的挑战。学生在一组实验中无法平等地贡献自己的力量的情况十分常见。我一直认为这是一个有价值的生活经验,特别是对于食品科学家来说,他们可能最终成为跨学科的研究人员,他们的团队可能最终会因此成为跨学科团队。请小组成员以匿名方式对每个人的工作进行评分是对那些未参加实验的学生是一种警戒。对一些指导教师来说,这种做法不是十分必要,虽然指导教师既要注意松严结合,又要兼顾实验的总体公平感。至少,让学生会感到劳动付出的价值。

要求学生进行课堂汇报是实验过程中应考虑的另一个因素。一些学生可能胆怯,尤其是那些表达能力较差的学生。但对其他学生,尤其是有制作幻灯片汇报经验的高年级学生,这就不是负担了。汇报技巧(他们通常称为"军队中的简报")是食品行业中任何感官工作的相关技能的重要组成部分,课堂汇报对团队项目是一个有价值的总结。

2.6　总　结

仔细注意标记为"成功执行的笔记和关键"的部分。这些注释有助于防止错误和不好情况的发生,如实验没有达到预期效果或实验数据无用。20 年来,我的助手发现了产生这些错误的可能性。请注意,在购物清单或物料清单中,金额可以根据实际班级大小及实验人数进行调整。我们相信大多数助教有能力解决这些问题。指导教师或助教可以根据需要进行修改、扩展或省略部分实验内容,以适合具体实验的情况、资源和学生的能力。

第Ⅱ部分
感官评价的实验练习

测试人员的筛选方法 3

3.1 学习指导

3.1.1 实验目的
- 检验筛选感官测试人员的方法。
- 检验在有提示和无提示条件下的气味识别测试。
- 检验作为筛选方法的味觉强度排序测试。

3.1.2 背景知识

感官评价小组成员的筛选是感官测试的重要步骤。在消费者测试中,挑选的测试对象需是测试产品系列或某一特定品牌的使用者。关于组织质量控制评价小组、鉴别测试和描述性小组,参与的测试人员应满足身体素质条件(即对测试产品无医疗限制或过敏现象),且尽可能地选取可以参与的人员,如果是公司员工的话尤为合适。对于训练有素的评价小组,其兴趣和动机也很重要,感官测试需要测试者精力高度集中,有时需要多次重复,是一项非常辛苦的工作。

除上述资格测试外,小组成员还需具有基本的感官敏锐度。在差别检验中,潜在的感官评价小组成员应该通过测试确保其感官功能正常。在测试过程中,还可以指导测试人员是否能够按照指引并理解其中的科学术语。在描述性分析或质量控制工作中,通常在候选人员中挑选部分表现优异的小组成员参与后续培训。

实际应用中,通常会使用真实的产品作为测试人员的筛选样品,而不是简单的味道模型,如含有基本味道酸、甜、苦、鲜、咸等的纯水体系。接下来将练习两种不同的筛选测试:①气味识别测试,用于确定嗅觉灵敏度;②排序测试,用于判断小组成员是否能够区分味觉强度。

气味识别是感官工作中一项基本技能,这比大多数人想象的要更加困难(Cain, 1979)。在日常生活中,味道和气味的识别常常伴有相关的情境提示。去除这些提示后,大部分的人只能判断出一半左右的测试气味。然而,当给出多项选择后,正确率可以提高到 75 % 左右。如果测试的气味为日常生活中经常可接触到的,结果会更好。相对于无提示的感官描述测试,气味匹配测试的正确率更高,该现象表明人们将闻到的气味与对应的词汇表达关联起来是有难度的,因为气味感知与语言表达由大脑的不同部分控制。

风味强度排序是感官工作中的另一项基本技能,特定风味(如甜味)强度的辨识可能会需要描述性感官小组和质量控制的操作。描述性感官小组的训练常包括具有参照物的感官标度尺测试,参照物为一定浓度的特定标准品。而候选的感官评价小组成员并未参加培训,因此不适合参与使用标度尺的感官测试,但他们适合强度排序测试。

3.1.3　实验材料和步骤,第1部分:气味识别

3.1.3.1　材料(每组5~6名学生)

第一组:6个装有独特气味物质的小瓶,用螺旋盖拧紧,标记为 A 组,每个样品分别采用三位数随机编码。

第二组:6个装有独特气味物质的小瓶,用螺旋盖拧紧,标记为 B 组,每个样品分别采用三位数随机编码。

准备标记有 A 和 B 的两张空白测试纸。

3.1.3.2　步骤

首先,让学生依次嗅闻 A 组的6个样品,在测试纸上登记相应样品的三位数字编码,并针对每个样品的气味尝试写1~2个最贴切的描述词。小组成员围成一圈,传递嗅闻样品瓶,但不能讨论样品气味。

其次,在有气味提示词列表的情况下,嗅闻 B 组样品的气味,选择最为匹配的描述。当大家完成了这两项练习后,小组讨论正确答案,然后将答案交给指导教师或助教进行列表。

3.1.4　实验材料和步骤,第2部分:味觉排序

3.1.4.1　材料(每一个人)

三份苹果汁(或其他果汁)样品:一份是原市售果汁样品,另外两份分别在果汁中添加5和10g/L 蔗糖。

三份苹果汁(或其他果汁)样品:一份是原市售果汁样品,另外两份分别在果汁中添加1和2g/L 酒石酸。

3.1.4.2　步骤

按照要求对第一组苹果汁的甜度进行排序(3＝甜度最高;1＝甜度最低)。

按照指示对第二组苹果汁的酸度进行排序(3＝酸度最高;1＝酸度最低)。

3.1.5　数据分析

从指导教师或课程网站获取正确的次数结果。

以每个人的感官数据作为成对的观察值,对第一部分气味识别测试结果进行配对 *t* 检验,并计算两种测试结果之间的相关系数。味觉排序测试的结果需要在统计颠倒次数结果的基础上,计算"正确性"来表示正确排序的个数,如本章附件所示。

3.1.6　实验报告

除特殊要求外,均需符合实验室标准报告格式。并对图形和表格进行简短的讨论,在结果和讨论中需要包括以下内容。

(1)气味识别结果

①绘制直方图,即采用条形图显示数据的频率分布。*x* 轴表示为 6 个样品中气味识别正确的个数 *N*(从 0 到 6),*y* 轴(频率)为回答正确 *N* 个样品的人数。对 3.1.3"气味识别测试"中两组测试单独绘制数据直方图。可以使用 Excel 或其他绘图软件,也可以手工绘制。如果采用手工绘制,手绘图表应整洁清晰,需要使用直尺辅助并标记标尺指导线和轴标签。

②为了比较以上两组测试的平均正确率是否具有显著性差异,可采用配对 *t* 检验[见式(3.1),详情请参考 Lawless 和 Heymann(2010)著作的统计附录 A]。一种或另外一种方法的结果是否显著偏高?

③计算两组气味识别测试之间的相关系数[参考 Lawless 和 Heymann(2010)著作的统计附录 D]。是否在第一组测试中表现好的人在第二组测试中也表现不错呢? 请思考能否将两种方法中的个人得分加起来计算总分,原因是什么?(提示:如果两组数据具有相关性,表明两组测试反映的可能是同种的能力。)

(2)味觉排序结果

①得分取决于排序结果是否正确。结果可能是完全正确的排序(如 123)、有一次错误顺序(如 132 或 213)、两次错误顺序(如 231 或 312)或三次错误顺序,即完全逆序的排列(如 321)。助教将公布甜味、酸味测试的正确排序结果以及全班的排序结果,请学生结合以上信息,回答下列问题。制作一个简单的表格,分别列出甜味、酸味测试中正确样品数字,以及这样回答的学生个数。

②回答以下问题:通过猜测得到正确结果的机会是 1/6。学生们排序的正确率是否高于 1/6? 你是否会在质量控制测试中采用这个方法筛选苹果汁的感官评价员? 原因是什么? 你如何修改测试可以使之更为适合?

常用公式:

$$t = \frac{\overline{D}}{\dfrac{\sigma_{\text{diff}}}{\sqrt{N}}} \tag{3.1}$$

其中,*t* 有 *N* 对 *N*=1 的自由度,$\overline{D}$ 是不同分数的平均值,σ_{diff} 是不同分数的标准差。

$$r = \frac{\sum XY - \left(\dfrac{\sum X \sum Y}{N}\right)}{\sqrt{\left[\sum X^2 - \dfrac{\left(\sum X\right)^2}{N}\right]\left[\sum Y^2 - \dfrac{\left(\sum Y\right)^2}{N}\right]}} \tag{3.2}$$

3.2 扩展阅读

Cain WS(1979)To know with the nose：keys to odor identification. Science 203:467 - 470.

Lawless HT, Engen T(1977)Associations to odors：Interference, mnemonics and verbal labeling. J Exp Psychol Human Learn Mem 3:52 - 57.

Lawless HT, Heymann H(2010)Sensory evaluation of foods, principles and practices, 2nd ed., Springer Science+Business, New York.

3.3 教学指导

3.3.1 实验成功的关键和注意事项

(1)无提示小组(A组)的气味识别正确率通常在50%~75%（答对4/6较为常见），在有词汇提示的情况下(B组)正确率一般会有所提高,当然,B组词汇提示表中应包括该组所有样品的气味。在这个测试中,部分学生将体验"鼻尖效应",即他们对某个样品的气味非常熟悉,却说不出该气味的名字(Lawless和Engen,1977)。这时非常适合讨论嗅觉-语言系统之间的差异,命名气味的困难,以及训练风味描述的必要性。

(2)在B组答题纸和数据附录表列出气味提示清单。

(3)因为如果学生只是简单地在Excel中输入原始数据,是无法得到正确直方图的,所以需要确保学生们理解什么是频率直方图。

(4)准备样品时,不要先统一定量三份苹果汁,然后再添加蔗糖,因为糖的溶解会使得最终体积增大,从而导致浓度不准确。正确方法应该是先将蔗糖加入部分果汁中溶解好（如75%最终量）,然后定容到所需的最终体积,推荐使用2~4L的容量瓶。

3.3.2 实验设备

对于第一部分气味识别测试,无须特殊设备。

对于第二部分味觉排序测试,需要容量瓶(1L以上)、搅拌棒、磁力搅拌器、储存容器、标签枪或其他编号标记工具,推荐给每个学生准备样品托盘。

3.3.3 实验用品

第一部分:

准备闻香纸、无味棉签或无味棉球。

一套6oz(约170mL)带螺旋盖的瓶子,内衬材质最好为聚四氟乙烯(12个一组,可以满足5~6名学生)。

12种香气单体、香气提取物或具有熟悉气味的液体。

第二部分：

苹果汁(25人班级大概需要5~6L果汁)、市售蔗糖、酒石酸(食品级)、样品杯(30mL以上)、漱口杯、废液杯、水、餐巾纸、小饼干和垃圾桶。

3.3.4　实验步骤

第一部分：

滴1~2滴香气物质到闻香纸或棉球上,然后将其放置于闻香瓶里。每组6个样品,尽可能使得两组难度水平大致相同。尽量避免一些大家不熟悉的气味,如薰衣草等。B组中包含的样品应列在投影胶片或讲义上,在完成A组(未提示的组)之前,不要显示投影或分发讲义;如果选项印在B组答题纸上,则在完成A组测试前不要分发B组答题纸;需要仔细区分好两组材料。

第二部分：

取约75%所需体积的果汁,加入蔗糖或酸,不断搅拌,然后用果汁定容到目标体积,建议使用容量瓶。注意不能简单地将蔗糖添加到已定容的果汁中,因为液体体积会随着糖的添加而膨胀,所以最终浓度将不准确。

预计5L苹果汁大约可以满足45组样品的配置[每组6个样品,20mL/样品(杯)],如表3.1所示。

表3.1	味觉排序测试样品编号
样品编码	内　容
582	参照样(市售苹果汁)
683	添加10g/L蔗糖(10g蔗糖加入1L最终样品中)
815	添加20g/L蔗糖(20g蔗糖加入1L最终样品中)
869	参照样(市售苹果汁)
673	添加1g/L酒石酸(1g酒石酸加入1L最终样品中)
174	添加2g/L酒石酸(2g酒石酸加入1L最终样品中)

3.4　附件：测试答题纸和数据表

答题表　　　　　　　　　　　　　　姓名(或学号)：

气味识别测试——A组

请嗅闻A组样品,并识别样品气味,在表1中写下你的答案。

表 1	自由选择测试(A 组)
样品编码	气味感知及描述
163	
825	
287	
907	
653	
197	

答题表 　　　　　　　　　　　姓名(或学号):

气味识别测试——B 组

请嗅闻 B 组样品,参考列表,对闻到的气味进行词汇匹配,并将答案写在表 2 中。

表 2	气味匹配测试(B 组)
样品编码	气味感知及描述
479	
503	
688	
109	
621	
774	

答题表 　　　　　　　　　　　姓名(或学号):

味觉排序测试

请按照样品甜度从高到低进行排序,在空白处记录相应样品的编码。

甜度最高　　　　　　　　　　　　　　　　　　甜度最低

————　　　　　　　————　　　　　　　————

请按照样品酸度从高到低进行排序,在空白处记录相应样品的编码。

酸度最高　　　　　　　　　　　　　　　　　　酸度最低

————　　　　　　　————　　　　　　　————

(空白)答案

气味识别测试

表 1   自由选择测试(A 组)

样品编码	物　　质
163	
825	
287	
907	
653	
197	

表 2   气味匹配测试(B 组)

样品编码	物　　质
479	
503	
688	
109	
621	
774	

味道排序测试(填写三位数字编码)

甜味

甜度最高   甜度最低

————   ————   ————

酸味

酸度最高   酸度最低

————   ————   ————

学生数据表格

气味识别测试

序号	姓名或学号	正确个数(总共6个)	
		自由选择测试(A组)	气味匹配测试(B组)
1			
2			
3			
4			
5			
6			
7			
8			
9			
10			
11			
12			
13			
14			
15			
16			
17			
18			
19			
20			
21			
22			
23			
24			
25			
26			
27			
28			
29			
30			
31			
32			
33			
34			
35			

学生数据表格

味觉排序测试

序号	姓名或学号	顺序逆反		
		甜味	酸味	总和
1				
2				
3				
4				
5				
6				
7				
8				
9				
10				
11				
12				
13				
14				
15				
16				
17				
18				
19				
20				
21				
22				
23				
24				
25				
26				
27				
28				
29				
30				
31				
32				
33				
34				
35				

差别检验方法的比较 4

4.1 学习指导

4.1.1 实验目的
- 熟悉四种不同的差别检验方法。
- 比较四种不同差别检验的相对灵敏度。
- 以行业报告的形式撰写实验报告。

4.1.2 背景知识

差别检验通常用来确定产品配方、加工或包装技术的微小改变是否影响了产品感官特性的变化。生产商希望通过多次的原料供应商替换或配方调整，以生产出营养更佳或成本更低的产品。

有多种方法可以检测样品间是否有可感知的差异，并保证检测的客观性（Peryam 和 Swartz，1950）。其中一类测试要求评价人员从一组含有两个或多个的样品中选出一个特定属性较强或较弱的样品，这被称为 n-选项强迫选择检验（n-AFC）（n 通常为 2 到 4，如 2-AFC）。另一类情况是要求评价人员选出与组内其他样品不同的样品。例如三点检验，其中两个样品来自相同的制备处理或同一生产批次，而第三个样品是不同的产品。第三类是匹配测试，要求评价人员必须在测试样品中选出一个或多个与先前品尝过的一个或多个参照样相匹配的样品。这类测试包括二-三点检验、ABX 和双重标准检验。

所有这些测试都存在猜对率，即当样品间没有可觉察差异时，评价员被迫猜测时做出正确选择的概率。因此，原假设中评价员做出正确选择的概率为该测试方法的猜对率，如三点检验的原假设为 1/3。注意，这个原假设不是一个"没有差异"的口头陈述，而是一个特定的数学关系，是一个数学等式。差别检验通常是单边的，这意味着备选假设中评价员做出正确选择的概率大于猜对率（而非"不等于"），所以备选假设是一个数学不等式。

并非所有的差别检验方法在检测产品之间的细微差异时，都能得到相同的好效果（Ennis，1993）。一些方法，如三点检验，对评价人员来讲判别差异比较有难度。理论上，三点检验必须进行三次两两比较，以确定哪个样品是不同的，哪两个样品是相同的。而其他测试方法,如定向成对比较检验,仅仅要求评价人员来感知哪个是最强或者最弱的。在测试样品间细微差异时,两种方法即使具有相同的猜对率,一种方法可能仍然比另一种方法更具灵敏性(O'Mahony 和 Rousseau,2002)。例如,定向成对比较检验比二-三点检验更为敏感,即使它们具有相同的猜对率(即 $p = 0.5$)。

　　在接下来的练习中,测试样和参照样将被用于四种不同的差别检验实验中。测试样和参照样的区别只是很微小的配方变化。

　　差别检验包括三点检验、双重标准检验,以及 3-AFC、2-AFC 或定向成对比较检验。若这些方法在这几年有所更新变化,请咨询你的专业授课老师。每位学生按照上面列出的顺序独立完成测试。关于差别检验方法的其他背景知识可参见 Lawless 和 Heymann(2010)著作第 4 章和第 5 章。

4.1.3　实验材料和步骤

4.1.3.1　材料

　　从助教处领取以下材料:

　　能容纳 11 个果汁粉末冲泡饮料样品的白色托盘(在实验开始之前,确保托盘上的所有编码与你收到的 4 张回答表上的编码一致)。

　　4 张回答表(每个测试一张),每张都有相应检验方法的说明。

　　水、饼干、纸巾和杯子。

4.1.3.2　步骤

　　根据每张回答表上的提示语按照以下顺序进行测试:

　　三点检验、双重标准检验、3-AFC 和定向成对比较检验。

　　完成四项测试,把你的回答表交给助教。助教将每个测试中的正确回答数制成表,并通过电子邮件将结果发送给你,或将其发布到课程网站上。

4.1.4　数据分析

　　确定每种测试方法的正确回答数,并将评价员人数 N 以及下列信息列于表格中。

　　确定两个产品在各个测试方法中是否具有统计学意义上的显著差异。对正态分布使用以下二项式近似方程,显著差异的临界 z 值取为 1.645:

$$z = \frac{(p_{obs} - p_{chance}) - \dfrac{1}{2N}}{\sqrt{pq/N}} \tag{4.1}$$

　　其中,p_{obs} 是每个测试中评价正确的比例,p_{chance} 是每个测试的猜对率(即分母中的 p),$q = 1 - p$,N 是评价员人数。

　　根据 Lawless 和 Heymann(2010)"正确回答数的最小临界值"表格来检查实验结果。

根据所得结果,使用下面的公式计算每种方法的真正正确识别出差异的人员比例 D/N:

$$C = D + p(N-D) \tag{4.2}$$

其中,C 是正确回答的数量,D 是真正正确识别出差异的数量,N 是评价员人数,p 是每个测试的猜对率(1/2 或 1/3)。

注:如果所得 D 值计算结果小于零,则报告为零。

4.1.5　实验报告

将数据分析中的前三个分析(正确回答数、评价员人数、z 分数)放在表格的结果部分。本报告推荐格式是行业报告格式。如果课程网站或教学大纲中另有要求,也可使用那种标准报告格式。

基于上述实验步骤和结果,行业报告(两页)应包括以下板块:

作者/职务/日期(另外,客户是谁是否也需要注明?)

背景(你可以在此简要描述一下)

结论

建议

方法

结果

参考文献(所引用的资料)

第 1 章的附件中附有一份行业报告样本。

注意! 你的报告可能在特定板块上与上面的报告样本有所不同,请仔细查看报告,并确保每个板块确实是你所做的。

(1)确保将你的行业报告控制在两页之内。不接受更多的页面。

(2)务必回答以下问题:

　　a. 是否有证据表明两种产品有区别?

　　b. 哪种测试方法最为灵敏? 你为什么这么认为? 将答案放在报告的结论部分。

4.2　扩展阅读

Ennis DM(1993)The power of sensory discriminationmethods. J Sens Stud 8:353-370.

Lawless HT, Heymann H(2010)Sensory evaluationof foods, principles and practices, 2nded., Springer Science+Business, New York.

O'Mahony M, Rousseau B(2002)Discriminationtesting:a few ideas, old and new. Food QualPrefer 14:157-164.

Peryam DR, Swartz VW(1950)Measurement ofsensory differences. Food Technol 4:390-395.

4.3　教学指导

4.3.1　实验成功的关键和注意事项

（1）任意一个三位随机编码都可以被替换：如有需要，这些编码可以每年更改，以防止抄袭或复制以往报告。也可以替换测试方法：一种方式是用 ABX 检验替换双重标准检验，因为它们非常相似。但在实验中应包含三点检验和 3-AFC，以观察 Gridgeman 的悖论结果（3-AFC 优于三点检验结果），并对该悖论进行讨论。

（2）以下给出的样品量是每班 35 人的最小量。可根据班级规模及实际需要进行调整。注意，一名男性每次标准的入口量是 25mL，女性约 15mL。

（3）从不甜的"酷爱"牌饮料或其他粉末饮料混合物开始，这一点非常重要。谨防标有"无糖"的产品，因为它们可能加入了阿斯巴甜或其他强化甜味剂。实验中使用这样的产品是严重错误的！

（4）蔗糖溶液浓度是以质量浓度表示的，如 100g/L 蔗糖是定容体积为 100 mL 的溶液中含有 10g 蔗糖（100g/L 为定容体积）。不是加 10g 到 100 mL 中，而是在 10g 蔗糖中，慢慢加入水，最后加到 100mL。因为一部分是蔗糖的摩尔体积，所以随着糖的添加，溶液体积会增大。

4.3.2　实验设备

采用标签机或其他方法将三位随机编码标签粘贴到杯子上。

建议提前在每个学生托盘上放好样品。

用天平称取蔗糖，用容量瓶进行溶解。

用热力搅拌器和搅拌棒进行搅拌。

4.3.3　实验用品

"酷爱"牌饮料或任何粉末饮料混合物，无甜味，任何风味。

蔗糖，可用商业蔗糖。

30~100mL 的塑料杯盛放测试样品。

240mL 或更大的塑料杯用于盛放漱口水。

矿泉水或其他高纯度无味的水。

A4 纸。

纸巾、泄漏控制用品和清洁用品。

4.3.4　样品制备

将两袋粉末混合物溶解在约 3 L 水中并加入 360g 蔗糖。在搅拌器上搅拌并加水至最终总体积 4L。最终浓度=90g/L。

将两袋粉末混合物溶解在约 3 L 水中并加入 400g 蔗糖。在搅拌器上搅拌并加水至最终总体积 4L。最终浓度 = 100g/L。

如果不是使用袋装产品,而是使用另外形式的容器,则应按照生产商的说明书进行溶解,并按照上述方法添加正确数量的蔗糖。

表 4.1 是所需样品的完整列表和一些建议的三位编码。

表 4.1 建议的示例编码和测试产品

样品编码	测试产品
三点检验(给 3 个,要求选择其中一个不同的样品,请参照回答表的示例)	
469	90g/L 蔗糖的粉末混合饮料
642	90g/L 蔗糖的粉末混合饮料
849	100g/L 蔗糖的粉末混合饮料
703	100g/L 蔗糖的粉末混合饮料
双重标准检验(与参照样相匹配,请参照回答表的示例)	
参照 A	90g/L 蔗糖的粉末混合饮料
811	90g/L 蔗糖的粉末混合饮料
参照 B	100g/L 蔗糖的粉末混合饮料
837	100g/L 蔗糖的粉末混合饮料
3-AFC 检验(要求选择最甜的样品,请参照回答表的示例)	
679	90g/L 蔗糖的粉末混合饮料
995	90g/L 蔗糖的粉末混合饮料
685	100g/L 蔗糖的粉末混合饮料
2-AFC 检验(要求选择最甜的样品,请参照回答表的示例)	
824	90g/L 蔗糖的粉末混合饮料
762	100g/L 蔗糖的粉末混合饮料

这些应足以准备 35 个托盘,每个托盘包含 11 个杯子,每个杯子中含 20mL 样品。可根据班级人数调整所需体积。

图 4.1 展示了样品盘。本章附件中的回答表给出了一个建议的随机提供顺序。

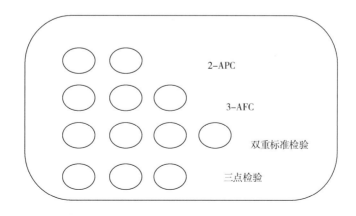

图 4.1 托盘设置,按照从左到右和从前(下)到后(上)的顺序进行品尝

4.4   附件：回答表

三点检验

请在测试开始前用水漱口。你面前有 3 个样品，其中两个是相同的，一个是不同的。请从左到右品尝样品，然后圈出不同的样品。请在品尝不同样品期间用水漱口或吃一片饼干以去除上一个样品的残留。

469   624   849

✂ --

三点检验

请在测试开始前用水漱口。你面前有 3 个样品，其中两个是相同的，一个是不同的。请从左到右品尝样品，然后圈出不同的样品。请在品尝不同样品期间用水漱口或吃一片饼干以去除上一个样品的残留。

703   624   469

✂ --

三点检验

请在测试开始前用水漱口。你面前有 3 个样品，其中两个是相同的，一个是不同的。请从左到右品尝样品，然后圈出不同的样品。请在品尝不同样品期间用水漱口或吃一片饼干以去除上一个样品的残留。

469   849   624

✂ --

三点检验

请在测试开始前用水漱口。你面前有 3 个样品，其中两个是相同的，一个是不同的。请从左到右品尝样品，然后圈出不同的样品。请在品尝不同样品期间用水漱口或吃一片饼干以去除上一个样品的残留。

469   703   849

✂ --

三点检验

请在测试开始前用水漱口。你面前有 3 个样品,其中两个是相同的,一个是不同的。请从左到右品尝样品,然后圈出不同的样品。请在品尝不同样品期间用水漱口或吃一片饼干以去除上一个样品的残留。

703 642 849

✂ -

三点检验

请在测试开始前用水漱口。你面前有 3 个样品,其中两个是相同的,一个是不同的。请从左到右品尝样品,然后圈出不同的样品。请在品尝不同样品期间用水漱口或吃一片饼干以去除上一个样品的残留。

849 703 624

✂ -

双重标准检验

请在测试开始前用水漱口。你面前有 4 个样品。其中两个样品有三位数编码。另外两个是参照样 A 和 B,分别与两个编码的样品相对应。

首先,品尝每一个参照样。然后品尝编码样品。在下面空白处写下与编码样品所对应的正确参照样。请在品尝不同样品期间用水漱口或吃一片饼干以去除上一个样品的残留。

_____参照样对应样品 811

_____参照样对应样品 837

✂ -

双重标准检验

请在测试开始前用水漱口。你面前有 4 个样品。其中两个样品有三位数编码。另两个是参照样 A 和 B,分别与两个编码的样品相对应。

首先,品尝每一个参照样。然后品尝编码样品。在下面空白处写下与编码样品所对应的正确参照样。请在品尝不同样品期间用水漱口或吃一片饼干以去除上一个样品的残留。

_____参照样对应样品 837

_____参照样对应样品 811

✂ -

3-AFC 检验

请在测试开始前用水漱口。你面前有 3 个样品。

请从左到右品尝样品,然后圈出最甜的样品。

请在品尝不同样品期间用水漱口或吃一片饼干以去除上一个样品的残留。

685　　　　　　　　679　　　　　　　　995

3-AFC 检验

请在测试开始前用水漱口。你面前有 3 个样品。

请从左到右品尝样品,然后圈出最甜的样品。

请在品尝不同样品期间用水漱口或吃一片饼干以去除上一个样品的残留。

995　　　　　　　　685　　　　　　　　679

3-AFC 检验

请在测试开始前用水漱口。你面前有 3 个样品。

请从左到右品尝样品,然后圈出最甜的样品。

请在品尝不同样品期间用水漱口或吃一片饼干以去除上一个样品的残留。

995　　　　　　　　679　　　　　　　　685

定向成对比较检验

请在测试开始前用水漱口。你面前有 2 个样品。

请从左到右品尝样品,然后圈出最甜的样品。

请在品尝不同样品期间用水漱口或吃一片饼干以去除上一个样品的残留。

824　　　　　　　　762

定向成对比较检验

请在测试开始前用水漱口。你面前有 2 个样品。

请从左到右品尝样品,然后圈出最甜的样品。

请在品尝不同样品期间用水漱口或吃一片饼干以去除上一个样品的残留。

762　　　　　　　　824

数据汇总表

序号	姓名或学号	请标注在每个测试中回答正确的情况			
		三点检验	双重比较检验	3-AFC	定向成对比较
1					
2					
3					
4					
5					
6					
7					
8					
9					
10					
11					
12					
13					
14					
15					
16					
17					
18					
19					
20					
21					
22					
23					
24					
25					
26					
27					
28					
29					
30					
31					
32					
33					
34					
35					

限度递增必选法确定强制选择阈值 5

5.1 学习指导

5.1.1 实验目的
- 掌握小组评估味觉或嗅觉阈值的快速方法。
- 理解化学感官敏锐程度的个体差异。
- 掌握美国材料与试验协会(ASTM)标准程序。

5.1.2 背景知识
通常情况下,阈值的定义为半数实验或者小组内的半数人能够感受到的最小刺激。绝对阈值能够有效衡量大部分人能够感受到的最小刺激的变化区间。绝对阈值在感官科学中的应用主要包括:
- 说明风味物质在食品中的效果或者生物活性。
- 确定变质食品中腐败或者不良风味的出现。
- 明确上述腐败或者不良风味的最低可接受水平[Stocking 等(2001)]。
- 测量个人对风味物质的敏感度差异。

人们对味觉物质和香气物质的敏感度是有差异的。一个经典的例子就是对于苯硫脲(PTC)和丙硫氧嘧啶(PROP)的味盲。另一个例子就是人们对一些结构相近的化学物质的嗅觉能力缺失,如对异戊酸等短链脂肪酸的嗅觉缺失。当一个人或者一个小组阈值高于平均值两个标准差时就会出现这一现象。

不同的阈值评价程序能够得到不同的结果。反应偏差、统计学截点的选择和步骤的详细描述等因素都会使感官阈值的测定更加复杂。在 Lawless 和 Heymann(2010)著作第 6 章中详细讨论了几种实用的方法。该实验室使用两种方法计算通过 ASTM E-679-79 方法得到的阈值结果。美国材料与试验协会(ASTM)是一个制定材料与检测方法的行业标准组织。尽管 ASTM 起初只是作为建筑材料起草标准的组织,但是他们现在已经扩增了许多种产品和检测方法,包括一个非常活跃的开发统一感官评价方法的小组(E-18 委员会)。ASTM 标准书中的第 15.08 卷记录了他们建立的方法(ASTM,2008)。

这个方法将尝试从小基数的数据(如班级数据)来估计群体阈值。如果没有很大的个体差异存在,建议上述方法中测试小组的人数约 25 人。有两种从这些数据中得到估计阈值的方法,一是使用 ASTM 小组中个人最佳估计阈值(BET)的平均值,二是绘制不同浓度下的正确率图,并在正确率 66.6% 处插值,以调整正确猜测的概率。

个人 BET 的定义是几何平均值(n 个值的 n 次方根,如两个值的平方根)。在这一方法中,我们在两个邻近浓度之间插值:往高浓度以后都可以判断正确的最低浓度和往更低浓度时判断都不正确的最高浓度。在这一方法中也有一些"经验法则"。如果一个人在最高的浓度做错了的话,BET 就是最高浓度和如果实验继续进行的下一个浓度的几何平均值。如果一个人在所有的 7 个浓度中都得到正确答案,BET 值就是最低浓度和如果实验继续进行下去的更低一个浓度梯度的几何平均值。也就是说,外推法可以让结果更加完善,这也适用于某个研究中不能识别最高水平的情况。

这些数据组具有额外的信息。对于每一个浓度梯度,我们可以得出小组的正确率,并将它作为浓度的函数来作图。接下来,我们定义一个比率作为阈值浓度,并进行插值,以估计什么样的浓度可以提供正确的选择水平。当我们使用三点检验法时,猜对的概率为 1/3,那么合适的正确比率就是 66.7%。66.7% 的正确率水平是基于从 3-AFC 检验得到 50% 辨别者的假设。对这一规则的其他应用详见 Antinone 等(1994)和 Lawless(2010)的研究。如下 Abbott 方程能够计算得到猜想正确率:

$$p_{required} = p_d + p_{chance}(1-p_d) \tag{5.1}$$

其中,p_d 是期望达到的分辨比率(阈值的 50%)。

在 3-AFC 检验中,当 $p_{chance} = 1/3$ 时,我们得到 $0.5 + 1/3(1-0.5) = 2/3$ 或者 66.7%。

5.1.3 实验材料和步骤

5.1.3.1 材料

按照表格 5.1 用天然泉水准备 7 个浓度梯度的蔗糖八乙酸酯(SOA)溶液。

表 5.1   **阈值系列的浓度梯度**

梯度编号	物质的量浓度的对数	浓度/(mg/L)
1	−7.0	0.07
2	−6.5	0.21
3	−6.0	0.68
4	−5.5	2.15
5	−5.0	6.79
6	−4.5	21.46
7	−5.0	67.86

5.1.3.2　步骤

(1)每个学生都应该根据助教的要求,做出如下准备:

a. 将 14 个 10 mL 天然泉水样品(空白)和 7 个 10 mL SOA 样品放到一个托盘中。(采用随机的三位数编码来标记所有样品)。

b. 准备一份列有上述 21 个样品编号、3 个一组分成 7 组的测试卷,每组包括浓度递增的 SOA 样品。

c. 一份每组中所含 SOA 样品编号的答案。在做出选择之前不能看答案。

(2)按照测试卷的顺序(从左到右)品尝样品,选出每组中与其他两个最不同的样品。如果学生不能选出每组中最不同的一个,那么他必须猜测一个。

(3)用清水漱口并等待 30s 后测试下一组样品。(注:上述所有步骤在测试卷和每组样品中都是重复的。)

(4)重复上述步骤品尝下一组样品,直至按照列表自下而上品尝你的样品。

(5)记录好选择后,根据答案标记出每个梯度正确和错误的选择,记录在班长的数据表中。

5.1.4　数据分析

有两种可以从这些数据中评估阈值的方法,一是使用 ASTM 小组中个人 BET(最好的评价阈值)的平均值,二是绘制不同浓度下的正确率图,正确率为 66.6% 的值即为阈值。使用班级数据执行如下分析,并在你的结果部分输入:

(1)绘制个人阈值的柱状图。观察这些值是否呈正态分布?是否有异常值?计算第一组的阈值作为班级数据的个人 BET 的几何平均值。

注:可以通过计算 BET 阈值对数值的算数平均值,再计算反对数(该值的 10^x)来得到几何平均值。

例如,对数值的算数平均值为 $[-4.25+-5.75+\cdots]/n=-4.25$,接下来将其表示为 mol/L,作为平均对数阈值的反对数,或者 $10^{-4.25}=56.23\mu mol/L$。注意单位,不能先计算对数值的对数。

(2)以蔗糖八乙酸酯浓度的对数值为 x 轴,组正确响应百分比为 y 轴绘制图表,并做一条拟合曲线(使用 MS Excel 等图表软件,如果没有曲线拟合能力可以手绘)。

SOA 的浓度是组内 67% 的人正确响应时在拟合曲线上对应的浓度。图 5.1 为该插值的举例。67% 正确水平是基于得到 50% 辨别者的假设[Lawless 和 Heymann(2010)的著作第 6 章中有进一步的举例]。

5.1.5　实验报告

使用标准报表格式,除非你的指导教师要求用其他格式。附上图表和前面要求的结果部分的分析请上交两个图表,给出所有计算,并回答两个讨论问题。电子版一页的讨论就足够了。

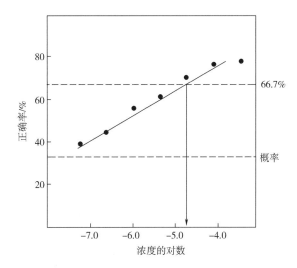

图 5.1　在正确率 66.7% 处插值以找到在 3-AFC 检验中 50% 鉴别者的偏倚纠正水平

讨论问题:

- 这两种评价组阈值的方法和另外一种一致吗? 你认为它们为什么能或者不能做到?
- 你在使用这些方法测定阈值的时候有遇到什么缺陷或者问题吗?

加分题:

- 你怎么评估在你的两个测量值周围的阈值浓度的误差水平?

线索:误差需要用浓度单位表达,±Xmol/L,不是作为感官数据的标准差。记住数据用正确百分比表达,而不是浓度测量。所以你必须找到一种从 y 轴的变化性中来表达 x 轴的变化性的方法,并掌握你的方法和/或计算。

5.2　扩展阅读

Antinone MA, Lawless HT, Ledford RA, Johnston M (1994) The importance of diacetyl as a flavor component in full fat cottage cheese. J Food Sci 59:38-42.

ASTM (2008) Standard practice for determining odor and taste thresholds by a forced-choice ascending concentration series method of lim-its, E-679-04, Annual Book of Standards, Vo. 15. 08, ASTM International, Conshocken, PA, pp. 36-42.

Lawless HT (2010) A simple alternative analysis for threshold data determined by ascending forced-choice method of limits. J Sens Stud 25:332-346.

Lawless HT, Heymann H (2010) Sensory evalua-tion of foods, principles and practices, 2nd ed. , Springer Science+Business, New York.

Stocking AJ, Suffet IH, McGuire MJ, Kavanaugh MC (2001) Implications of an MTBE odor study for setting drinking water standards. J AWWA 2001:95-105.

5.3 教学指导

5.3.1 实验成功的关键和注意事项

（1）可以使用10%的乙醇水溶液制备母液或储备溶液来第一次溶解SOA。这个稀释步骤的浓度是本练习中使用的最高SOA浓度的100倍。建议从浓缩的储备溶液或者从连续稀释后的多重储备溶液中进行系列稀释，而不是用分析天平一点点称取SOA。SOA是一种强力的苦味物质，毒性非常低（本质上是零）。如果吞食，它会在消化道中水解成少量的蔗糖和乙酸。

（2）在这一实验中建议吐掉样品，主要是为了防止增加或者遗留苦味在嗓子里。

（3）需要注意的是，尽管这一实验建立得好像一个3-AFC检验，在每3个样品中有2个水作为空白对照，但ASTM详细规定了选择与另外两个"最不一样"的样品，犹如一个三点检验。没有单一的Thurstonian模型用于这一实验，因为我们并不清楚受试者/参与者是使用指令中详细说明的距离策略还是他们自身知识体系建议的略过策略。

（4）组正确响应百分比的最佳拟合曲线可以通过对数回归 $\{\ln[p/(1-p)] = b_0 + b_1 \log C\}$ 来拟合，其中 p 是正确百分比，b_0 是截距，b_1 是斜率，C 是浓度。计算66%或2/3正确水平就是计算 $\ln(66/33) = \ln(2)$。

（5）参考文献Lawless（2010）给出了这些方法的详细描述，并从正反两方面对比分析了ASTM BET方法和机会改正插值法。

（6）误差可以通过从感官数据的置信区间或标准差转化为响应的浓度来评估。对于团体的正确百分比图，拟合曲线的误差可以表达为百分比标准误差的函数 $[SQRT(pq/N)]$。这可用于在拟合曲线周围建立误差范围。接下来，66%的水平可用于在上、下包络曲线的截距插入上、下浓度。

5.3.2 实验设备

搅拌碟、搅拌棒和天平。

用于连续稀释的玻璃器皿，推荐使用容量瓶。

移液器和/或量筒。

建议用托盘装端给学生的样品。

5.3.3 实验材料和用品

泉水或者非常纯净的没有气味的水。

蔗糖八乙酸酯（CAS 126-14-7）和食品级乙醇（95%）。

漱口水杯（大）和样品杯（小，10~20 mL）。

漱口水、吐水杯、餐巾纸和无盐的饼干。

溢出控制装置。

5.3.4 实验步骤

参见 5.3.1 中关于使用浓缩储备溶液制备梯度稀释溶液的注释。一旦前 3 个或前 4 个浓度已经配好,第 3 个或第 4 个可以充当更低浓度溶液的储备溶液。确保新的溶液混合均匀。指导教师和/或助教需要品尝作为结果的样品来确保 SOA 在高浓度能被察觉到。

对于每个学生,每个托盘包括 14 杯 10 mL 的纯净水样品(空白)和 7 杯 10 mL 的 SOA 样品。(注:所有的样品只用三位随机数字标记。)

准备一份写有上述 21 个样品编号的投票用纸,将上述样品 3 个一组分成 7 组。将这 7 组样品排列好,以便每个学生能从低浓度到高浓度品尝,选择每一组中最不一样的一个。

准备一份写有每组样品中哪一个加入了 SOA 的答案。附件中提供两个样例。

5.4　附件

响应表 1

根据投票用纸上的顺序品尝样品,从左到右。如果你有一个托盘,核对标注在你的样品上的答案数字。

圈出每个水平中和另外两个最不同的样品。如果不确定,你必须猜一个。

用水漱口,并等待 30s 后品尝下一个水平。

水平 1	247	188	633
水平 2	172	962	741
水平 3	657	790	569
水平 4	494	201	516
水平 5	377	951	117
水平 6	145	958	161
水平 7	355	464	207

响应表 2

根据投票用纸上的顺序品尝样品,从左到右。如果你有一个托盘,核对标注在你的样品上的答案数字。

圈出每个水平中和另外两个最不同的样品。如果不确定,你必须猜一个。

用水漱口,并等待 30s 后品尝下一个水平。

水平 1	281	277	542
水平 2	948	983	986
水平 3	977	299	496
水平 4	356	658	574
水平 5	247	998	816
水平 6	265	300	736
水平 7	693	556	642

班级数据表——强制选择阈值

BET	姓名或学号	请在你选择正确的水平下面标注+,错误的标注 0					
	正确比例						

两个系列的样品编码和答案(画线的编号是最不同的样品)

水平	样品答案 #1		
1	<u>247</u>	188	633
2	172	962	<u>741</u>
3	657	<u>790</u>	569
4	494	201	<u>516</u>
5	377	<u>951</u>	117
6	<u>145</u>	958	161
7	355	<u>464</u>	207

水平	样品答案 #2		
1	281	277	<u>542</u>
2	948	<u>983</u>	986
3	<u>977</u>	299	496
4	356	658	<u>574</u>
5	247	<u>998</u>	816
6	<u>265</u>	300	736
7	693	<u>556</u>	642

信号检测理论与检测标准对响应的影响 **6**

6.1 学习指导

6.1.1 实验目的
- 熟悉并掌握信号检测研究中使用的方法。
- 理解反应偏见、小组成员动机和回报等概念。
- 理解信号检测作为经典阈值检测方法替代手段的基础理论。

6.1.2 背景知识

信号检测理论是一种概念识别的基础理论。它不同于经典的阈值方法,如极值法。极值法将响应偏差与真实的差别分离开来。信号检测可以用来测量两种刺激的可分辨性,也可以用来测量一个评价员的分辨能力。当从空白或背景中识别一个弱刺激时,信号检测可以作为阈值理论和测量的替代手段。此时信号检测结果有两种,较强的结果将被称为"目标"或信号,较弱的则为"空白"或噪声。

信号检测理论的实施有以下几个假定条件:

(1)对空白和目标所产生的响应或感觉都是有时强、有时弱的,但都是在平均值附近呈现正态分布的。这些主观经验的假设分布分别称为"噪声"分布和"信号"分布。

(2)评价人员在感官评价中会默认一个临界感官强度值,强于这个感觉可以给出一个"积极反应",如"我感觉或闻到了",而弱于这个强度感觉的则给出一个"消极反应",如"我没有感觉或闻到"。通常情况下,评价人员会预先做一些实验,并会得到反馈,以帮助他们选择恰当的感官阈值。请注意,有两种形式的检测结果表示方式(目标、空白)和两种可能的响应,形成一个 2×2 的响应矩阵。

(3)目标与空白之间的区分能力是由信号分布均值与噪声分布均值之间的距离来表示的。接下来将介绍如何确定这一点。

在信号检测研究中,我们可以对目标和空白盲评几次,通常应经过许多次测试,并记录响应。

评价员对目标和空白的区分能力可由以下步骤测定。

（1）计算命中（正确）率和假警报率。命中率为当测试样品为目标时，正确或积极响应的比率；假警报率为当测试样品为空白或噪声时，误判为样品的比率。命中率和假警报率在相应分布图中所对应的面积如图 6.1 所示。命中率的面积 $p($ hits$)$ 对应于临界线右侧信号分布下的区域，而假警报率的面积 $p($ false alarms$)$ 对应于临界线右侧噪声分布下的区域。

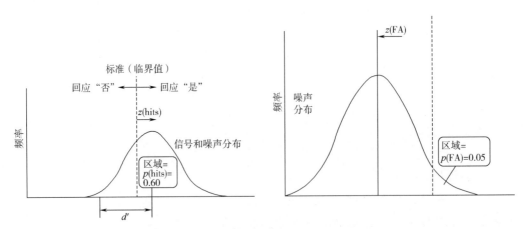

图 6.1   从信号和噪声实验中得到的经验假设分布

注：图中虚线表示一个标准或临界值。比标准值更强时，人会感觉产生"信号"响应（本实验室中的为"更重"），而比标准值更弱的感觉为噪声响应（本实验室中的为"标准重量"）。交叉区域对应于命中和假警报的比例。

（2）将相应面积转换为距离，目的在于给出两个分布平均值之间的分离程度。我们将命中和假警报的比例转换为"z 分数"，并把二者的"z 分数"相加（数学意义上）即可。因 z 分数通常是采用列表的方式，所以这是一个做减法的过程。没有响应偏差的感官差别值（d'）的计算公式如下：

$$d' = z(命中率) - z(假警报率) \tag{6.1}$$

上述计算公式的优势在于它考虑了响应偏差或个人标准的影响，这是在一个采用"是/非"进行响应的感官评价方法中所固有的。每个评价人员在对任何刺激反应做出为"是"反应时，可能比较保守或宽容。在图中，这种趋势会影响标准或临界值的位置。倾向于回答"是"的评价员所设立的标准或临界值，往往会在那些倾向于回答"不"的评价员所设立的标准或临界值的左边。然而，无论个体之间的标准或临界值的相对位置如何，噪声分布与信号分布的均值之间的区分度将保持不变，而且 d' 也保持不变。如果一个评价员变得更宽容，他或她将有更多的命中率，但也有更多的假警报率。如果他或她变得更加保守，假警报率会下降，但代价是降低命中率。

总而言之，当一个评价员改变标准或偏差时，临界位置可以来回滑动，但 d' 保持不变。在接下来的实验中，我们将演示更改临界位置的效果，通过奖励正确的响应和对错误判断的惩罚来改变收益矩阵。

6.1.3 实验材料和步骤

6.1.3.1 材料

从你的导师或助教处取得：

①两个棕色的装满沙子或类似材料的瓶子。一个称重为 200g（在瓶子底部标注"S"），另一个称重为 208g（在瓶子底部标注"H"）。

②1.75 美元的零钱（5 个 25 美分硬币，7 个 5 美分硬币和 15 个 1 美分硬币）。

③用文件夹或类似屏障将"实验者"和"评价员"隔开；收益和支付按键；两种选票，支付或收益各一种；记录表格若干。

6.1.3.2 步骤

两人一组，其中一人扮演"实验者"，另一人扮演"评价员"。当两个人都完成支付或收益后，两个人互换角色并重复这个实验。

一半的人员（由你的导师或助教指定）将从严格的支付环境开始，而另一半将从宽松的支付环境开始。切换角色后，从在你的组中最后执行的支付系统开始。

"评价员"和"实验者"应该在隔桌相对或肩并肩坐着，瓶子、选票和收益矩阵应该放在一个文件夹的后面，以保证仅实验者可以看到它们。

练习实验：1~10 号样品（P1~P10）

根据导师或助教的提示，开始进行支付系统实验，在把标有"S"或"H"的样品 P1 递给评价员时，要保证评价员看不到瓶子上的标签。

当你把每个样品交给评价员时，告诉他或她"这是标准样品"或"这是较重的样品"，其实二者重量差不多。随后，等待评价员判断样品的重量是"S"还是"H"，之后拿回样品并进行下一次测试（测试 10 次）。

检测实验：1~50 号样品

分配给每个评价员 25 美分作为他或她的起始支付资产，将剩下的 1.50 美元保留在"银行"。

就像在练习实验中所做的那样，将瓶子交给评价员时，不要告诉他或她瓶子的真实情况为"S"或"H"，但要求他或她评估瓶子的重量，并判断这个样品是"S"，还是"H"样品。如果他们不确定，则必须猜测一下。

当评价员做出判断后，把样品拿回来，在选票上记录评价结果，然后根据相应的奖励和惩罚规则，对回答正确的进行奖励，回答错误的进行处罚。必须每次测试后都要进行奖励或处罚，不要只是每次记录结果，等最后一起奖励或处罚。

以上述相同方式不断进行测试，直到完成 50 次的所有测试后，然后进行下一个支付系统的测试。当你们完成第二个支付系统测试后，"实验者"和"评价员"二者交换角色，并重复上面两个支付系统的测试。

当你收集完数据后，根据如下规定计算命中数和假警报数。

所谓"命中"是指当实验者出示的为"较重 H"样品时,评价员判断为"较重"的情况。它只是指对"较重样品 H"进行了正确的响应,并不包括所有正确的响应,正如对信号测试做出了积极响应。

所谓"假警报"是指当实验者出示的是"标准 S"样品时,评价员判断为"较重"的情况。它只是指对"标准样品 S"进行误判的情况,并不包括所有误判的响应,正如对噪声测试做出了积极响应。

接下来,将命中数和假警报数各自除以 25 后,计算命中率和假警报率。注意,不要除以50,因为两种样品都测试了 25 次。

利用提供的表格将这些比率转换成 z 分数,并使用上面的公式计算 d' 的值,并所有这些计算的结果都填写在提供的计算表格上。

最后,将计算表格交给你的导师或者助教,他们会检查并记录数据,并请将零钱退还给导师或助教。

6.1.4   数据分析

如上面讨论一样,当你在课堂实验后,将相应的命中率和假警报率转为 z 分数后,你就有了完整的数据,可以比较在两个实验条件下的 $d-prime$ 值、命中率和假警报率。这些都可以通过三次配对 t 检验的方法来完成。在比较正确率和误判率时,用相应的 z 分数(不是比例)进行 t 检验。t 检验可以用计算器完成,也可以使用 Excel 等统计程序完成,并报告每个条件下的平均值和标准偏差。

6.1.5   实验报告

如无特殊说明,按照标准的格式撰写实验报告。

6.1.5.1   结果

(1)计算出 6 组数据的所有的平均值和标准偏差。

(2)三次 t 检验结果如何?

(3)哪一种响应发生了(显著的)改变,哪一种信号没有发生改变,变化趋势如何?

6.1.5.2   讨论

在讨论中回答下列问题:

(1)在奖励的两种条件下,你自己个人的命中率和假警报率有什么变化? 对全班来说也是这样吗? 这里你可以使用两个 t 检验。

(2)在两种不同的奖惩系统下,当标准发生变化时,信号检测理论可以预测命中率和假警报率有什么变化吗? 换句话说,在什么条件下,命中率和假警报率会上升或下降? 你的研究结论与理论预测是否相符?

(3)这种方法如何或以哪些方式可以应用到工业感官评价测试中呢?

(4)做的这样一个简单的"是"或"否"的实验有用吗? 如果在食品感官评价测试中使

用这种方法,有什么问题或局限性吗?还有什么别的方法可以代替吗?

(5)为什么在信号检测实验中需要进行空白(噪声)试验?

把你的计算附加在报告上。

6.2 扩展阅读

Lawless HT,Heymann H(2010)Sensory evaluation of foods,principles and practices,2nded.,Springer Science+Business,New York.

Macmillan NA,Creelman CD(1991)Detectiontheory:a user'sguide. Cambridge UniversityPress,Cambridge.

O'Mahony M(1992)Understanding discrimination tests:a user-friendly treatment of responsebias,rating and ranking R-index tests and theirrelationship to signal detection. J Sens Stud7:1-47.

6.3 教学指导

6.3.1 实验成功的关键和注意事项

(1)因在每种情况下需要至少25个信号和25个噪声测试,所以选择了进行重量的实验而不是直接使用食物或饮料进行实验。其他选择包括触觉刺激,例如不同粒度的砂纸,或难以辨别的视觉差异。使用的刺激物必须很难辨别,如果你不使用这里推荐的"重量物体",就需要做一些测试工作。所展示的物品本身只能稍有变化,就像与上述实验中使用的质量上稍有变化的两种罐子一样,所有这些实验样品看起来几乎一样。

(2)如果使用非视觉刺激(如质量),实验中非常重要的是不能有任何提示哪个是哪个。否则,学生们可能会根据"视觉暗示或线索"进行判断,而不是以"重量感知"为判断依据。这将诱使学生通过作弊得到更多正确答案。解决这个问题的方法之一,是让学生看不到罐子,直接掂量罐子的重量后进行判断。"实验者"可以从遮挡物的后面(通常是一个文件夹)将罐子送到学生(评价员)的旁边,而这个"评价员"则面向前方,同时在身体侧面掂量罐子的重量。也可使用眼罩,但通常没有必要。实验最好在一间有可移动椅子的开放式教室,或一间带桌子房间,或带有各种凳子的实验室中进行,而不是在感官评价室。

(3)由于实验需要改变收益矩阵进行两次测试,整个实验可能需要1~2h完成。不同的学生完成实验的速度会不同,因此建议允许学生在他们自己的数据表填写完毕后离开,而不是等到最慢的一组完成后一起离开。

(4)准备充足的零钱以保证实验顺利进行。如果有学生失去所有零钱,"破产了",他们就可以发行借据。相反,如果他们表现得太糟糕以至于失去了所有的资产,那么他们就可以得到银行贷款。对于表现最好的学生,可以给予一个象征性的礼物给作为奖励,如他测到了最大 d'-prime 值。硬币的替代品可以是在棋盘游戏中的假纸币,如游戏大富翁(Monopoly)。

（5）每次测试后,给学生进行反馈是很重要的。实验者或学生常犯的一个错误是为了省事,仅仅在实验的最后记录下成绩,并计算最终赢的金额或欠款。但这是一个致命的错误,因为在实验中,它没有诱导学生在实验中不断调整自身的评判标准。助教应观察每对学生,以确保在每次测试中,在练习结束后,钱都会发生变化。

（6）有些学生可能无法辨别重量差别。应尽量避免这种可能性,以免引起尴尬。不过,应该鼓励他们尝试进行实验,因为虽然他们有人会觉得自己无法完成,但其在测试中的表现有时可能会非常出人意料。

（7）区分收益矩阵和实际的标准级别是很重要的。收益方案矩阵既不松散,也不保守。它的结构设计是试图改变一个人的评价标准,从宽松到保守,反之亦然。命中率和假警报率应该一起上升或下降。这种情形可能并不是在每个学生的数据上都能看到,但在全班的平均水平上能够很好体现。t 检验应该可以表现出命中率和假警报率,以及相应 z 分数的改变,但 d' 值不变。为了排除在实验过程中的一些操作误差影响,一半的人员应该从一个收益矩阵开始,另一半从另一个矩阵开始。

（8）建议学生用手抓住罐子的顶部,同时上下运动两到三次后,进行判断。

（9）这一程序的烦琐还引起一个问题,这种"是/否"的实验是否能够延伸并适合应用于工业感官评价测试中。你可以画出进行"A-非A"实验的平行线,需要强调是,d' 值已从其他区别测试中获得,具体参见 Lawless 和 Heymann（2010）著作第 5 章中的讨论。

6.3.2　实验设备
称量分析天平若干。

6.3.3　实验材料和用品
带有盖子的 113.4g 的琥珀瓶（或类似的）;填充料若干、每名学生需要的 1.75 美元零钱、一个将比例转换成 z 分数的表格。

6.3.4　实验步骤
（1）罐子里装入填料,至少 25 个瓶子装入填料后质量为 200g,作为标准样品（噪声信号）,另外至少 25 个装入填料后质量为 208g,作为较重的样品（信号）。

（2）罐子可以装满沙子、糖或其他容易处理的颗粒状物质（如 BB's）。糖,如果保持清洁,可用于后续的实验室练习。罐子必须是物理上和视觉上不可区分的,并且在底部标代码但却看不到。如果灌装的水平（高低）是可识别的,罐子可以用铝箔覆盖,或者在灌装前将一张硬纸卷起来,插入罐子里,以隐藏灌装量高低。

（3）表单　响应表、收益矩阵按键、学生数据的计算表和班级数据的计算表。

（4）有一个顶部或滑动的响应键是很有用的,提醒他们,当样品是 208g,其响应也为"重"时,即为一个命中,而错误的警报是当样品是 200g 时,其响应却为"重"时,即为一个假警报。

6.4 附件:选票和表格

6.4.1 个人选票

实验号	呈现的样品	对样品的判断	实验号	呈现的样品	对样品的判断	实验号	呈现的样品	对样品的判断
P1	H		11	S		31	S	
P2	S		12	S		32	H	
P3	H		13	H		33	H	
P4	S		14	S		34	S	
P5	H		15	S		35	S	
P6	S		16	H		36	S	
P7	H		17	S		37	H	
P8	S		18	S		38	H	
P9	H		19	S		39	H	
P10	S		20	H		40	S	
1	H		21	S		41	S	
2	S		22	H		42	S	
3	H		23	H		43	S	
4	H		24	H		44	H	
5	S		25	S		45	S	
6	H		26	H		46	H	
7	H		27	H		47	S	
8	S		28	S		48	H	
9	H		29	H		49	S	
10	H		30	S		50	H	

系统类别:_____宽松(Lax)   _____保守(Conservative)

实验号	呈现的样品	对样品的判断	实验号	呈现的样品	对样品的判断	实验号	呈现的样品	对样品的判断
P1	H		11	S		31	S	
P2	S		12	H		32	H	
P3	H		13	H		33	S	
P4	S		14	S		34	S	
P5	H		15	S		35	H	
P6	S		16	H		36	S	
P7	H		17	H		37	S	
P8	S		18	H		38	S	
P9	H		19	S		39	H	
P10	S		20	H		40	S	
1	S		21	S		41	S	
2	S		22	H		42	S	
3	H		23	S		43	H	
4	H		24	H		44	H	
5	S		25	S		45	S	
6	H		26	H		46	H	
7	S		27	H		47	S	
8	H		28	S		48	H	
9	H		29	H		49	H	
10	H		30	S		50	S	

系统类别：_____宽松（Lax）   _____保守（Conservative）

实验号	呈现的样品	对样品的判断	实验号	呈现的样品	对样品的判断	实验号	呈现的样品	对样品的判断
P1	H		11	H		31	H	
P2	S		12	S		32	S	
P3	H		13	H		33	S	
P4	S		14	S		34	S	
P5	H		15	S		35	H	
P6	S		16	H		36	S	
P7	H		17	H		37	S	
P8	S		18	S		38	H	
P9	H		19	S		39	S	
P10	S		20	H		40	S	
1	S		21	S		41	H	
2	H		22	H		42	S	
3	S		23	S		43	H	
4	H		24	H		44	H	
5	S		25	H		45	S	
6	H		26	H		46	H	
7	H		27	S		47	S	
8	S		28	H		48	S	
9	H		29	S		49	H	
10	H		30	S		50	H	

系统类别：_____宽松（Lax）　　　　　　　　　_____保守（Conservative）

实验号	呈现的样品	对样品的判断	实验号	呈现的样品	对样品的判断	实验号	呈现的样品	对样品的判断
P1	H		11	H		31	H	
P2	S		12	S		32	S	
P3	H		13	H		33	H	
P4	S		14	S		34	S	
P5	H		15	S		35	H	
P6	S		16	H		36	S	
P7	H		17	H		37	S	
P8	S		18	H		38	H	
P9	H		19	S		39	S	
P10	S		20	H		40	S	
1	H		21	S		41	H	
2	H		22	S		42	S	
3	S		23	S		43	H	
4	S		24	H		44	H	
5	H		25	H		45	S	
6	S		26	H		46	S	
7	H		27	S		47	S	
8	S		28	H		48	H	
9	H		29	S		49	H	
10	H		30	S		50	S	

系统类别：_____宽松（Lax）　　　　　　　　_____保守（Conservative）

6.4.2 班级数据记录表

班级数据记录表

序号	姓名	保守（Conservative）			宽松（Lax）		
		z_H	z_{FA}	d'	z_H	z_{FA}	d'
1							
2							
3							
4							
5							
6							
7							
8							
9							
10							
11							
12							
13							
14							
15							
16							
17							
18							
19							
20							
21							
22							
23							
24							
平均值							

6.4.3 p 和 z 分数换算表

p	z 分数	p	z 分数	p	z 分数	p	z 分数
0.01	−2.33	0.26	−0.64	0.51	+0.03	0.76	+0.71
0.02	−2.05	0.27	−0.61	0.52	+0.05	0.77	+0.74
0.03	−1.88	0.28	−0.58	0.53	+0.08	0.78	+0.77
0.04	−1.75	0.29	−0.55	0.54	+0.10	0.79	+0.81
0.05	−1.64	0.30	−0.52	0.55	+0.13	0.80	+0.84
0.06	−1.55	0.31	−0.50	0.56	+0.15	0.81	+0.88
0.07	−1.48	0.32	−0.47	0.57	+0.18	0.82	+0.92
0.08	−1.41	0.33	−0.44	0.58	+0.20	0.83	+0.95
0.09	−1.34	0.34	−0.41	0.59	+0.23	0.84	+0.99
0.10	−1.28	0.35	−0.39	0.60	+0.25	0.85	+1.04
0.11	−1.23	0.36	−0.36	0.61	+0.28	0.86	+1.08
0.12	−1.18	0.37	−0.33	0.62	+0.31	0.87	+1.13
0.13	−1.13	0.38	−0.31	0.63	+0.33	0.88	+1.18
0.14	−0.08	0.39	−0.28	0.64	+0.36	0.89	+1.23
0.15	−0.04	0.40	−0.25	0.65	+0.39	0.90	+1.28
0.16	−0.99	0.41	−0.23	0.66	+0.41	0.91	+1.34
0.17	−0.95	0.42	−0.20	0.67	+0.44	0.92	+1.41
0.18	−0.92	0.43	−0.18	0.68	+0.47	0.93	+1.48
0.19	−0.88	0.44	−0.15	0.69	+0.50	0.94	+1.55
0.20	−0.84	0.45	−0.13	0.70	+0.52	0.95	+1.64
0.21	−0.81	0.46	−0.10	0.71	+0.55	0.96	+1.75
0.22	−0.77	0.47	−0.08	0.72	+0.58	0.97	+1.88
0.23	−0.74	0.48	−0.05	0.73	+0.61	0.98	+2.05
0.24	−0.71	0.49	−0.03	0.74	+0.64	0.99	+2.33
0.25	−0.67	0.50	−0.00	0.75	+0.67	0.995	+2.58

6.4.4　响应键和单个响应计算表

收益矩阵键和个人计算表：

保守的支付系统

被呈现的样品	响　　应	
	是的或较重的	不是或标准的
较重的样品或信号被呈现	+1（命中）	−1
标准样品或噪声被呈现	−5（假警报）	+5

学生总体情况：

命中数：＿＿＿＿＿（除以 25 后，计算命中率）

命中率：＿＿＿＿＿　　　　z 分数：＿＿＿＿＿

假警报数：＿＿＿＿＿（除以 25 后，计算命中率）

假警报率：＿＿＿＿＿　　　z 分数：＿＿＿＿＿

激进的支付系统

被呈现的样品	响　　应	
	是的或较重的	不是或标准的
较重的样品或信号被呈现	+5（命中）	−5
标准样品或噪声被呈现	−1（假警报）	+1

学生总体情况：

命中数：＿＿＿＿＿（除以 25 后，计算命中率）

命中率：＿＿＿＿＿　　　　z 分数：＿＿＿＿＿

假警报数：＿＿＿＿＿（除以 25 后，计算命中率）

假警报率：＿＿＿＿＿　　　z 分数：＿＿＿＿＿

不同标度方法测定果糖与蔗糖甜度

7

7.1 学习指导

7.1.1 实验目的

- 熟悉两种常用的标度方法:量值估计和线性标度(在某些年份,类项标度)。
- 研究描述这两种方法的刺激–反应关系的心理物理学函数。
- 理解风味强度评价时计量单位的重要性。
- 获得学术图表的科学绘制和设计经验。

7.1.2 背景知识

标度方法。在感官科学中运用了多种方法来反映感知强度的变化(Lawless 和 Malone,1986)。在食品科学领域中,一种常用的方法是简单的类项标度法。在这个方法中,通常只使用一类响应参数,如一个整数或一个复选框,而数据被假定为线性形式使用。"线性"的意思是指相同数量/比例的差异在感知强度上是相等的。另一种常用方法是使用线性标度反映某感知属性的强度等级以得到该种强度的比率。这个方法也称为"视觉模拟评分法",简称 VAS。线性标度法的一种变化形式是使用标准样品来计算某感知属性的相对感觉强度比率或比例的。相同的用于描述感知强度的比率值(例如,1~2 或 5~10)表示相同的感知强度。这种标度方式被称为量值估计。类项标度法与量值估计法在对于非线性参数评价时仍存在一定选择争议。类别及线性标度法数据通常对应了一种对数函数关系(例如:当对数浓度刺激时产生的数据点排列直线时,如 Fechner 定律)(Baird 和 Noma,1978),而量值估计法的数据通常为一些幂函数数值(例如:处理一系列幂函数浓度刺激的响应值数据,如 Steven 定律)(Stevens 和 Galanter,1957)。

甜味剂的相对效力。在食品科学领域文献中有许多关于各种糖和高甜度甜味剂相对甜度的报道(Cardello 等,1979)。但其中有些研究基于不同的计量单位。如以质量为比较标准,果糖或葡萄糖之类的单糖可以比同质量的蔗糖等二糖更甜。如果是对于甜味剂甜度比较敏感的食品加工商或制造商来说,比较便捷的甜度评价方法是以甜味剂质量为单位来购买。但是,如果生物化学家对分子和味觉受体之间的结合而产生甜味感受的过程感兴趣,那么基于物质的量浓度(即,每单位体积的分子)的比较则应更为合适。等物质的量浓度在给定体积的样品中具有相同数量的分子。改变比较单位有很大的不同! 我们可以把以"克"为单位或以"分子数量"为单位的两个数值等同比较吗? 答案可能取决于你是否像化学家或食品制造商那样思考。

在下面的练习中,你将分别从质量和物质的量两个标度,比较蔗糖和果糖的相对甜度。你将被要求做 8 个图表。以清晰的方式呈现数据的能力是科学交流的关键。最后,你将比较两种标度方法中的函数,并查看哪种数学函数更为合适(对数或幂函数)。

更多信息请查看 Lawless 和 Heymann(2010)著作第 7 章。

7.1.3　实验材料和步骤

7.1.3.1　材料

第一组样品都将由蔗糖和一种粉末化的水果饮料组成,其中,蔗糖的添加量如下:
25g/L(0.073mol/L)、50g/L(0.146mol/L)、100g/L(0.292mol/L)和 200g/L(0.585mol/L)。
另一组样品是将第一组样品中的蔗糖替换为果糖,果糖的添加量为:25g/L(0.139mol/L)、
50g/L(0.278mol/L)、100g/L(0.556mol/L)和 200g/L(1.111mol/L)。

7.1.3.2　步骤

注:在某些年份,可能会使用类项标度来代替线性标度。

将上述 8 种溶液中的每一种的甜度都用一个线性标度和一个量值来衡量,用 50g/L 的蔗糖溶液作为标准液(赋值为"10")。该标准液将在第一次、第三次、第五次和第七次测试前进行品尝。

所有的评分应该在同一标尺类型,然后移动到另一个。其中,同一类别的一半样品应该从线性标度开始,另一半应该从量值估计开始。当学生们完成实验时,他们可以作为实验者和评价员进行配对和交换。助教会确定样品的呈现顺序,以保证甜味剂样品呈现的顺序是随机的。

一旦完成了评分,就将所有数据输入到主表中,包含两种标度方法的数据。你将从这些数据中计算均值、标准偏差和标准误差。包含这些数据的电子表格以及样品代码和糖浓度将通过电子邮件发送给你,或发布在课程网站上。你将用均值和标准差来绘制表示甜度与浓度对应关系的多个图。

7.1.4　数据分析

为每种糖的四个浓度及每个标度方法计算均值和标准差。你应该得到用于你作图的数据。

7.1.5　实验报告

格式:你的报告将包含 8 个图表和一个简短的讨论,用完整的句子回答所有的讨论问

题。参见下面的注释图形提示。

从上面得到的数据中绘制如下图,将变量在 x 轴和 y 轴中对应。注意,前四个为普通的等差坐标轴,第二组的四个为对数变换的坐标轴,在变量 x 上或者同时在 x 轴和 y 轴上。如果可能的话,你应该在前四个图中包含误差条,并且将蔗糖和果糖数据总是在同一个图上绘制出来。

　　a. x:单位体积质量(浓度); y:线性标度评分。

　　b. x:单位体积质量(浓度); y:量值估计评分。

　　c. x:物质的量浓度; y:线性标度评分。

　　d. x:物质的量浓度; y:量值估计评分。

　　e. x:物质的量浓度的对数; y:线性标度评分。

　　f. x:物质的量浓度的对数; y:量值估计评分。

　　g. x:物质的量浓度的对数; y:线性标度评分的对数。

　　h. x:物质的量浓度的对数; y:量值估计评分的对数。

将两种甜味剂的数据都放在同一个表中,以便比较相对强度。半对数坐标纸可以用于半对数图(e 和 f),对数坐标纸(g 和 h)可以用于对数坐标图,也可以在绘图程序或 Excel 中使用"对数坐标轴"选项。不要同时做!(你将会进行两次对数转换!)

在数学计算图(a~d)中添加标准误差条。标准误差等于标准偏差除以 N(评价员或观察员数量)的平方根。

回答并讨论以下问题:

(1)哪种糖更甜,是蔗糖还是果糖? 说出你的理由。

(2)测量单位的变化如何改变这两个糖的关系?

(3a)从商业角度来看,哪种度量单位更有用? 为什么?

(3b)从生化角度来看,哪种更有意义? 为什么?

(4)你如何表示这两种糖的相对效力?(有不止一种方法可以回答这一点——考虑浓度比。)

(5)不同的心理物理学函数分别适应哪种标度方法? 理论预测了什么? 你的图表是否与理论相符? 这在图中是可见的吗(说明是哪个图并阐述原因)?

7.1.6　图表和提示

学习成绩的一部分由图表决定。你可以用图形程序,也可以手工绘制,但是请画得工整(用尺画直线)。示例会在班级中展示。

如果使用绘图程序,请注意,在任何程序(如 Excel)中不能简单地接受默认选项。默认选项可能会生成不便于阅读的怪异选择和字体的图形。若要更改默认值,但又不知道该怎么做,请使用帮助功能。在程序默认情况下进行额外的调整,使你的图形能够很好地展示。按照下面列出的指导方针。制作好的图表需要时间,不要把你的图表留到最后来做。图7.1 所示为可参考的一个例子。

图中要有坐标轴并选取合适间距。写清单位。说明坐标轴是否对数绘制,或者是否使

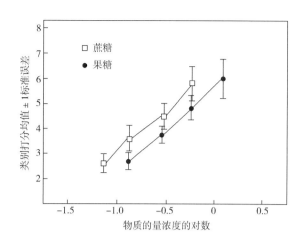

图 7.1   由果糖和蔗糖所得感受甜度的均值−浓度对应半对数图

用了对数标度。

　　y 轴上的数字范围应该以接近响应最小值的值开始,并且比数据中的最大值多出 30%。如果响应范围从 1 开始,则不要以 0 开始。

　　注意多余的和不必要的小数点和零。Excel 软件生成的表格可能会产生很多无意义的数值 0,务必改正! 在横纵坐标的标注上保留一位或两位小数点。

　　一般来说,小数点的位数不应超过数据的精度。如果你的标准误差±0.5 单位,则应该只在小数点后保留一位数字。

　　轴和它们的标尺应该放在底部和左边,而不是在图的中间。Excel 中可以把它们放在任何地方。务必注意!

　　使用足够大的符号来区分。坐标轴上的标注和数字应使用大的易读字体(12 或 14 号)。

　　避免以颜色作为不同曲线或条带的区别标识。许多科学期刊仍然以黑白印刷出版。

　　不要以灰色背景遮挡或填充图形。这使数据难以理解。

　　图中应该包括一个用于标注不同曲线的图例或说明。

　　图要有一个标题,它要能概括所绘制的内容。

　　控制坐标轴及图例的位置,避免图的边缘过窄。在图的四边为文字区域留出空间。

　　避免那些太短、太宽、太窄和太高的图表。当坐标轴大致接近时,曲线的视觉效果更好。经验法则是使用古希腊的"黄金分割"法则(大约 2 : 3 的高度与宽度比)。

7.2   扩展阅读

Baird JC, Noma E(1978)Fundamentals of scalingand psychophysics. Wiley, New York.

Cardello AV, Hunt D, Mann B(1979)Relativesweetness of fructose and sucrose in model systems, lemon beverages and white cake. J Food Sci 44:748−751.

Lawless HT, Heymann H(2010)Sensory evaluation of foods, principles and practices,2nd ed.，Springer Science+Business，New York.

Lawless HT，Malone GJ（1986）A comparison ofscaling methods：Sensitivity，replicates andrelative measurement. J Sens Stud 1：155-174.

Pangborn RM（1963）Relative taste intensities ofselected sugars and organic acids. J Food Sci28：726-733.

Stevens SS，Galanter EH（1957）Ratio scales and category scales for a dozen perceptual continua. J Exp Psychol 54：377-411.

7.3　教学指导

7.3.1　实验成功的关键和注意事项

（1）在制作样品溶液时，务必要指导准备人员，不能简单地将给定质量的糖添加到给定体积水中。糖会导致体积膨胀，造成不准确的浓度。通常，预期得到的质量的糖可以被添加到终体积的50%～75%，然后用搅拌器或类似的设备彻底将其搅拌均匀。一旦糖溶解（这可能需要一段时间），溶液可被"补足"以达到最终需要的体积，并继续混合。建议采用大容量器皿。

（2）如果提前准备，则需要冷藏，然后将样品送到室温下使用。

（3）可能需要一些时间才能将较高浓度的大量糖配制成溶液。搅拌，要小心加热，以免将蔗糖转变成其他糖。

（4）不要低估了分装样品所需的时间。可以招募学生来协助这一步骤的准备。

（5）如果你不告诉学生这些物质的浓度，你可以检查学生是否可以将质量浓度（如 g/L）转化为 mol/L。这将强化学生的基础化学。被这个简单转换难住的学生的数量让我感到惊讶。蔗糖的相对分子质量是342，而果糖的相对分子质量是180。很明显，你在制造双糖时失去了一个水分子（=18），所以它的质量不是原来的两倍。

（6）你可以使用线性标度代替类别标度，以阻止学生们抄袭以前的学生或在校园流传的文档。

（7）一些学生可能认为蔗糖水解，所以它更甜，因为有两倍的分子。但据我们所知，蔗糖水解是非常缓慢的，因此多出的分子可以忽略不计。也就是说，你不能在一夜之间得到"分解的糖"，除非你添加了酸并加热溶液。如果你采用一种商业化的粉状饮料并在 24h 内进行实验，那么水解不应该是一个需要考虑的因素。

（8）和其他的实验室工作一样，你可以决定想让学生参与多少前期准备工作，以及他们做了什么数据分析（或者你为他们做了什么）。

（9）大多数人都会使用 Excel 作为绘图程序，但通常默认值会生成不美观的图形。我们不做 Excel 软件使用教学，但可以提示学生使用"帮助"功能，帮助他们养成这个好习惯。在 Excel 中绘制图表添加误差条有点复杂，较难找到选项。对于那些决定手工绘制图形的学生(如果允许的话),一种选择是使用半对数和对数坐标图纸,可以在大学里的书店或工程部门找到,或者从网上下载。

(10)在做曲线拟合时,是什么构成一条直线?有些学生可能会想去拟合一条直线,这在 Excel 中很容易做到,并且可以看到 R^2 的值。你可以把这作为他们分析的一部分,但不管怎样,通常这样拟合度是相当高的。另一种选择就是"用眼睛看"。[注:在较高浓度和较低的浓度通常会有偏离线性函数的情况(高值处于接收系统的饱和值;低值处于阈值附近)。后者不应该是一个问题,因为样品起始浓度远高于甜度阈值。]

(11)这是一个复杂的实验室工作,包括四个部分:标度方法、甜度问题、图表绘制和心理物理学函数。由于各自特定的感官能力,它可能不适合所有的学生。通过省去对数坐标轴绘图,心理物理学函数处理和曲线拟合等过程可简化问题。

(12)你可以让学生以实验者-受试对象的方式配对组合,或者他们也可以按自己的方式完成实验,但是要确保他们遵循随机秩序。

(13)延展背景介绍。果糖被供应商普遍认为比蔗糖甜,所以你可以在任何食品中使用较少的量,并节约成本。这与大多数食品化学教科书的"认知"相符。然而,实际要复杂得多。果糖的甜味效力取决于 pH、温度和其他成分的存在。水中的果糖平衡存在于其呋喃糖和吡喃糖(5 元环和 6 元环)之间,而在较低的温度下更有利于甜味。参见 Pangborn(1963)的论文,该文献探讨了梨花蜜中的果糖出现后,其相对甜度的变化。可以发现,果糖比蔗糖甜的特征消失了。

在体重/体积的层面,学生们的数据通常与文献相符,果糖稍显更"甜",实际上它只是更有效(对某一浓度的反应更强)。然而,在物质的量浓度的计量体系中,蔗糖比果糖甜得多。在任何给定浓度下,两曲线的相对高度可显示出其甜效。许多学生希望选择一个给定的浓度并比较其反应强度。这与一般的风味科学相反。常用的方法是采用等-甜(相同的甜味响应)并计算浓度比率。这就是为什么我们会有一些不合理的说法,如"糖精比蔗糖甜200 倍"。但事实上并非如此。你只需要用 1/200 质量的糖精就能得到蔗糖同样的反应。一个常见的等-甜水平是由阈值决定的。另一个在食品和饮料中很流行的观点是,依据100g/L 的蔗糖当量确定甜度。这两种说法都是有数据支持的。

许多味觉研究人员会考虑将两种物质的物质的量进行比较。这是因为他们像生物化学家一样思考,他们更喜欢以分子数做比较而不是按克比较。因此,对在味觉分子和受体之间的化学反应领域工作的人来说,分子数量的比较是有意义的。

为什么蔗糖在物质的量浓度的计量体系中更甜?你可以讨论甜度的 AH-B 理论(氢键),并认为它可能比果糖含有更多的 AH-B 结合位点,(毕竟它是一个双糖,每个分子含有更多的羟基)。你也可以强化这样的观念:氢键在生理系统中是很常见的。学生应该从脱氧核糖核酸(DNA)碱基对的学习中记住关于氢键的一些知识。

(14)拟合心理物理学函数(剂量-反应曲线)。如果学生检查对数和半对数图,他们可以找到一条直线,看看剂量-反应函数是否符合"Fechner 法则"[例如:$R = k \log(C)$,其中 R

为响应值,C 为浓度],或"Stevens 法则"[如:$R = k(C)n$],如此,则 $\log(R) = n \log(C) + \log(k)$,其中 n 为量值估计函数的特征指数。这显然就成了对数坐标图中的斜率。根据文献资料,对数函数往往符合类别标度数据,幂函数适合拟合量值估计数据。

(15)请参阅 7.3.5"绘图中的常见错误",以协助评分或在图表上给出建议。

7.3.2 实验设备

称量天平、磁力搅拌器、转子和容量瓶。

7.3.3 实验用品

混合饮料粉。也可以在水溶液中进行,但在白开水中品尝糖会减少很多乐趣。

矿泉水或无味水。

样品杯、漱口杯、吐水杯、餐巾纸以及溢出控制和垃圾处理装置。注意,每个学生大约需要 20 个样品杯。

7.3.4 实验步骤

准备溶液时请参见 7.3.3。重要的是,从比预期体积少的水量开始,因为糖溶解会扩大液体的体积。一旦溶解,样品就可以在混合后补足最终体积。对于品尝样品来说,一般 20mL 就足够了。如果可能的话,每个学生设置一个小托盘,并在正确的随机顺序中使用经排序的样品,这会很有帮助。或者,他们可以被提供样品标记,或者被告知按照选票上打印的顺序。

请记住,量值估计组需要 3 个额外的 50g/L 蔗糖样品,可以标记为"参照(REF)"。

各样品标记形式及相关参数见 7.4 附件中相关文件(附在样品评分表后)。

7.3.5 评分建议:绘图中常见的错误

没有对图和/或坐标轴进行标注。绘制的是什么(平均值)?

标记太小了。

未能提供图表的说明或描述性标题。

没有定义误差条(SD 或 SE?)。

在绘图时使用对数选项,但将其标记为对数浓度。学生必须区分对数浓度和用对数标尺绘图(按单选按钮选择对数坐标轴)。

在半对数标尺中将数据记录入错误的坐标轴。

在绘图或坐标轴或刻度线上有太多的小数位数。

没有提供描述性的图例或关键字(如"蔗糖",而不是以"系列 1"表示)。

7.4　附件：样品投票、标识和数据表格

量值估计

品尝参照样(标有"REF"字样)。赋予参照样的甜度为10。

然后,依据下列顺序,依次品尝每个样品。根据参照样的甜度给每个样品一个甜度评分。

(例如,当你尝到的样品是参照样品两倍甜时,可以打分20;如果测试样品只有参照样品一半甜时,打5分。)

打分时可以使用整数或小数。

当被指示重新品尝参照样时,请照做。

	甜度评分
请品尝参照样	
样品 197	＿＿＿＿＿＿＿＿
样品 402	＿＿＿＿＿＿＿＿
请重新品尝参照样	
样品 493	＿＿＿＿＿＿＿＿
样品 716	＿＿＿＿＿＿＿＿
请重新品尝参照样	
样品 285	＿＿＿＿＿＿＿＿
样品 349	＿＿＿＿＿＿＿＿
请重新品尝参照样	
样品 586	＿＿＿＿＿＿＿＿
样品 362	＿＿＿＿＿＿＿＿

量值估计

品尝参照样(标有"REF"字样)。我们赋予参照样的甜度为10。

然后,依据下列顺序,依次品尝每个样品。根据参照样的甜度给每个样品一个甜度评分。

(例如,当你尝到的样品是参照样品两倍甜时,可以打分20;如果测试样品只有参照样品一半甜时,打5分。)

打分时可以使用整数或小数。

当被指示重新品尝参照样时,请照做。

甜度评分

请品尝参照样

样品 362　　　　　　　　　　————————

样品 716　　　　　　　　　　————————

请重新品尝参照样

样品 285　　　　　　　　　　————————

样品 349　　　　　　　　　　————————

请重新品尝参照样

样品 493　　　　　　　　　　————————

样品 402　　　　　　　　　　————————

请重新品尝参照样

样品 586　　　　　　　　　　————————

样品 197　　　　　　　　　　————————

线性标度

请按本页所列出的顺序品尝下列样品,并在直线上为每个样品标记出你认为最符合的甜度水平。

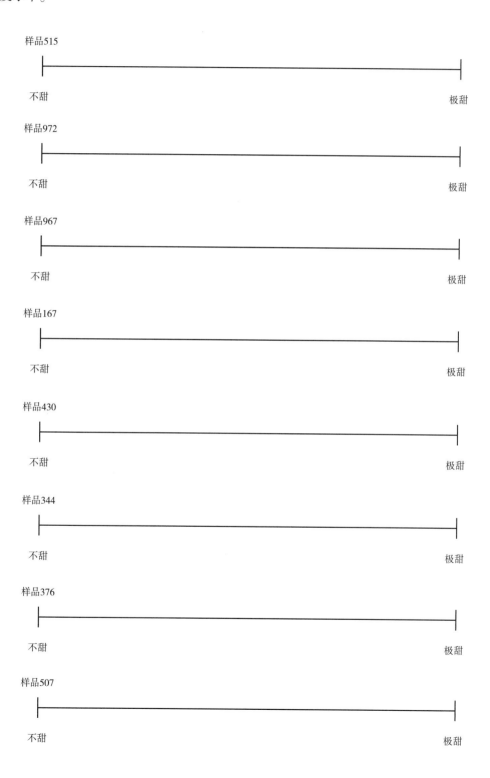

线性标度

请按本页所列出的顺序品尝下列样品,并在直线上为每个样品标记出你认为最符合的甜度水平。

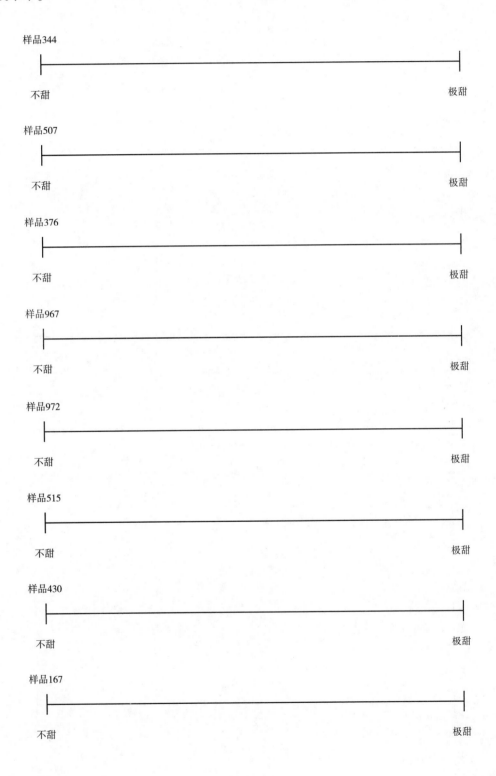

量值估计——学生数据表

请在下表中记录你的数据：

	量值估计							
	蔗糖				果糖			
质量浓度/（g/L）	25	50	100	200	25	50	100	200
物质的量浓度/（mol/L）	0.073	0.146	0.292	0.584	0.139	0.278	0.556	1.111
物质的量浓度的对数	−1.137	−0.836	−0.535	−0.233	−0.857	−0.556	−0.255	−0.046
学号/ID	716	402	349	586	493	285	197	362
平均值								
对数平均值								
标准偏差								

线性标度——学生数据表

请在下表中记录你的数据：

	线性标度/cm							
	蔗糖				果糖			
质量浓度/（g/L）	25	50	100	200	25	50	100	200
物质的量浓度/（mol/L）	0.073	0.146	0.292	0.584	0.139	0.278	0.556	1.111
物质的量浓度的对数	-1.137	-0.836	-0.535	-0.233	-0.857	-0.556	-0.255	-0.046
学号/ID	967	430	167	376	515	972	344	507
平均值								
对数平均值								
标准偏差								

量值估计的样品编码

质量浓度	蔗糖		果糖	
	物质的量浓度/(mol/L)	编码	物质的量浓度/(mol/L)	编码
25g/L	0.073	716	0.139	493
50g/L	0.146	402	0.278	285
100g/L	0.292	349	0.556	197
200g/L	0.585	586	1.111	362

线性标度的样品编码

质量浓度	蔗糖		果糖	
	物质的量浓度/(mol/L)	编码	物质的量浓度/(mol/L)	编码
25g/L	0.073	967	0.139	515
50g/L	0.146	430	0.278	972
100g/L	0.292	167	0.556	344
200g/L	0.585	376	1.111	507

时间–强度标准尺度 8

8.1 学习指导

8.1.1 实验目的

- 熟悉时间–强度方法。
- 用时间–强度曲线参数来演示不同产品之间的差异。
- 使用纸质版手绘评分表和计算机系统收集时间–强度数据的方法(可选择)。

8.1.2 背景知识

对于食品的香气、味道、风味及质构的感知是一种动态的现象。人们所感受到的感官特性的强度是随时间的变化而变化的,而这种动态特征是由于咀嚼、呼吸、唾液分泌、舌头的运动以及吞咽过程所引起的。在质构剖面法中,人们根据食品分解的不同阶段将其分为第一口、咀嚼和残留阶段。食品或饮料的时间剖面是其感官吸引力的重要方面。

感官标度的一般方法是要求评价小组通过提供的单一测定方法,对可感知的强度进行评价。这项任务要求评价小组必须对时间进行平均化处理,或者只估计一个强度峰值,这必然会遗漏一些重要信息。例如在口腔中维持时间过长的味道可能不太会被消费者所欢迎。也可能会出现这种情况,即有两种产品具有相同或相似的时间平均剖面或属性,但不同的风味出现或它们到达各自强度峰值的顺序却不一样。

时间–强度(TI)感官评价试图给评价小组提供一些机会,让他们随着时间的流逝,能对他们感知的感觉进行标度。由于评价是重复地(有时是连续地)、自始至终地监测他们感知到的感觉。当跟踪多重特性时,食品风味或质构的剖面可显示出在吞咽后,不同食品之间随时间变化的差异。对于大部分感觉而言,可感知的强度变化经历一个先增加后减弱的过程,但有一些感觉,如感知到的肉的坚韧感,感觉作为时间的函数是一直减弱的。对于感知到的溶化而言,感觉可能只有增强,直至达到完全溶化的状态。在研究甜味剂或像口香糖、护手液等有特殊时间剖面的产品时,源于时间–强度方法的另外一些信息就显得特别有价值。

对于 TI 进行研究时,感官评价小组可以获得每个样品和每个组员的以下信息:可感知的最大强度(I_{max}),到达最大强度的时间(T_{max}),到强度最大点的增强速率和形态,下降到最大强度的一半及消亡点的速率和形态,以及总持续时间(DUR)和曲线下面积(AUC)。

如果你的感官设备有计算机辅助数据采集系统,在这个练习中你可以采用两种常见的时间-强度方法:口头信号"秒表"方法和计算机连续追踪方法,如图 8.1 所示。

另外,在参考书目中可以找到补充的背景资料。

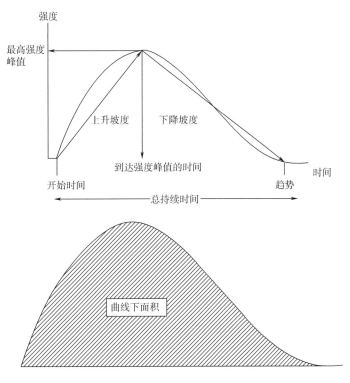

图 8.1　时间-强度曲线示例以及表征数据特征的各种参数

8.1.3　实验材料和步骤

8.1.3.1　材料

肉桂味的口香糖,塔巴斯辣酱或类似产品(室温)、塔巴斯辣酱(冷藏)、无盐饼干、漱口水。

8.1.3.2　步骤

每个学生对于三种产品中的每一种都要使用纸质评分表和计算机在线收集数据两种方法来完成强度关于时间变化的练习。如果全班同时做这两种方法的采集实验,在实验课开始之前,学生应该分成两个数量相等的小组。一半的学生应该前往感官实验室使用计算机系统对数据进行评估,同时,另一半可能留在教室里手工绘制纸质评分表记录评价数据。当学生们完成各自的取样后,小组之间可以互换场地。

(1)实践练习　将口香糖放在嘴里,开始咀嚼。在评价阶段持续咀嚼口香糖。

指导教师或助教会告诉你什么时候开始。如果你正在使用纸质评分表,当刚开始咀嚼口香糖的时候,可以对肉桂的风味强度做出第一次评价;当指导教师或助教通知时间信号后做出后续的评价打分。如果你正在使用计算机系统,请按照计算机屏幕上的具体说明进行操作。

(2)辣酱练习　将三滴冷冻或室温辣椒酱放在塑料勺上,并品尝整个样品。使用上述适当的方法来降低辣酱的灼烧感。该时间间隔可能不同于练习口香糖所用的时间间隔。

等到第一次评价期结束后至少3min,或直到嘴里的感觉平复。如果你愿意,可以在这段休息的时间内使用干净的清水清洁口腔或吃一些饼干。在休息时间结束时,漱口,以确保嘴里没有饼干颗粒,这次重复上述步骤使用保存在其他温度的辣酱。

8.1.4　数据分析

从纸质评分表结果,我们可以看出每个学生都获得了以下信息:T_{max}(到达最大强度的时间)、I_{max}(可感知的最大强度)、DUR(总的持续时间)和AUC(曲线下面积)。如果出现一个高峰或者多个强度峰,记录的 T_{max} 为第一个到达峰值强度的时间。如果在最后阶段强度不为零,记录总的持续时间直到最后。如图 8.1 所示,为了估计曲线下面积,可以对数据使用三角形近似原理,对于一个清晰的峰(通常使用两个三角形,一个是上升,一个是下降),如果出现一个梯形的峰值(则在曲线下画两个三角形和一个长方形),另一种计算 AUC 的方法是使用剪刀来切割曲线的边界,然后称量纸张。AUC 最后可能用单位克(g)来表示。为了比较两个温度不同的辣酱,对提取的每个参数可以进行配对 t 检验。

对于每一个温度都要绘制班级的类平均数据的时间图。

如果你的计算机系统也提供这些个体的参数,也可以对计算机所收集数据进行相同的配对 t 检验。如果计算机系统只提供组间估计,则可以定性地比较它们(即没有统计测试)。计算机会显示电脑捕获的这两个温度的类平均时间图(这取决于电脑的系统是否会提供)。

8.1.5　实验报告

结果将通过电子邮件发送给学生或发布在课程网站上。

撰写实验报告包括以下几个部分:

①目标(研究的目标是什么);②方法;③结果;④讨论。不包括图表,规定字数控制在四张纸以内,双倍行距。

最终的结果应回答以下问题：

这两个温度有什么不同的结果吗？以什么样的方式表达？

这两种方法(纸张与计算机)有何不同吗？以什么样的方式表达？

参考图表(例如，"图 8.1 显示……")来支持你的结论。使用 t 检验中的数据统计或计算机提供的一些数据分析,这些数据都可以帮助支持你的结论。

TI 曲线给出的数据参数如 I_{max}、T_{max}、DUR 和 AUC,这些问题都可以从 TI 曲线中找到答案。

你的讨论应该回答以下问题：

纸质评分表或电脑数据采集系统哪种方法对你更适用,为什么？

有没有遇到一些问题,如数据删减或中断？

还有什么其他产品系统或食品研究问题用 TI 曲线方法可以解决？

8.2　扩展阅读

Gwartney E，Heymann H（1995）The temporal perception of menthol. J Sens Stud 10：393－400.

Lallemand M，Giboreau A，Rytz A，Colas B（1999）Extracting parameters from time intensity curves using a trapezoid model：theexample of some sensory attributes of icecream. J Sens Stud 14：387－399.

Lee WE，Pangborn RM （1986） Time－intensity：the temporal aspects of sensory perception. Food Technol 40(71－78)：82.

Peyvieux C，Dijksterhuis G （2001） Training asensory panel for TI：a case study. Food QualPrefer 12：19－28.

8.3　教学指导

8.3.1　实验成功的关键和注意事项

(1)如果实验室中某些电脑无法访问数据采集系统如 Compusense、SIMS 或 FIZZ,则这些电脑可省略不用。不同的系统可能会有不同的参数输出形式(如 I_{max}、DUR 等),并可能提供个人或组的信息。该练习可能需要进行调整以适应系统提供的信息。如果你品尝产品的实验室场地和设备有限,可以进一步划分做实验的班级数量并安排好做感官实验的时间。

(2)学生可以在课堂上通过手绘评分曲线的方法计算自己的 T_{max}、I_{max}、DUR 和 AUC 值。如上所述,可以通过几何的方法,如使用三角近似法或者剪切曲线边界并称重纸张来估计

AUC 值。因大多数纸张有统一的密度,所以这是一种很好的方法。

(3)辣酱可以简单冷藏,助教应该记录好冷藏的温度,建议冷藏的最高温度是 10℃。如果装辣酱的小瓶被使用过,可以放入冰块中冰浴。每个学生可能都会得到大小、质量相同,包装好的辣酱包,这将有利于所有学生拿到的辣酱具有相同的起始温度,用一个辣酱瓶在学生之间传递可能会使辣酱变暖。

(4)样品可以用三位数字的代码标记或简单地标明"RT(室温)"和"冷藏"。当然研究对于温度的控制并不盲测。样品可以放在杯子里面,这样可以用塑料勺舀出来而不是直接用嘴品尝。或者,也可以向学生提供自己的样品小瓶并根据指示在勺子上滴三滴。

(5)纸质评分表提供了一个线性比例,但是类别评分表也同样适合。大部分计算机系统会使用垂直线刻度或如温度计一样垂直的刻度,用于显示 TI 曲线。使用类别比例可以提供更多的对比度。

(6)如果比例在可比范围内或转换到一个共同的规模,如在 100 点最大的基础上,一个双因素方差分析可以被用来比较温度和方法(秒表 vs. 电脑)。

(7)在纸质评分表上建议有时间间隔,这些都可以调整。常见的问题在于当最后一次采样时强度仍然不为零。这可能会导致一些数据删减或者中断的问题。

8.3.2 实验设备

电脑数据采集系统、秒表、剪刀,以及用于称量纸张的天平或秤(如果 AUC 是通过剪切法估算的)。

8.3.3 实验用品

肉桂味口香糖、辣椒酱(塔巴斯科或类似产品)、样品杯子、漱口杯、吐水杯、饼干、水、餐巾纸,以及溢出控制和垃圾处理装置。托盘是有用的,但不是必需的,因为只有两个样品(每种方法)和口香糖。

8.3.4 实验步骤

除了上面在注释部分里讨论的,这个练习没有特殊的样品制备需要。在纸质评分表的方法中,指导教师或助教应该通过控制秒表和口头信号("现在评价")对全体实验同学进行提示。不要让学生通过看时钟和秒表来自己定时。

8.4 附件:纸质评分表和数据表

时间–强度评分表

将口香糖放在嘴里,开始咀嚼。

立即在 0s 竖线的任意位置上进行水平标记,得到肉桂风味强度的第一个评分。继续咀嚼样品,每 20s 对肉桂强度进行 2min 的风味评价。

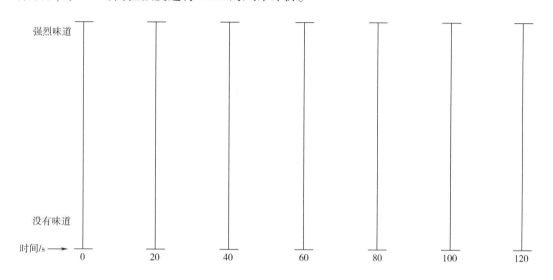

时间–强度评分表(室温)

将三滴室温下的辣酱放在塑料勺上。品尝整个样品。

立即在 0s 竖线的任意位置上进行水平标记,得到辣酱灼烧强度的第一个评分。继续咀嚼样品,每 30s 对灼烧强度进行 3min 的风味评价。

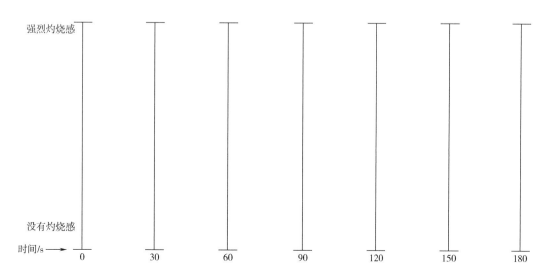

时间-强度评分表(冷藏)

将冷藏下的辣酱放在塑料勺上。品尝整个样品。

立即在0s竖线的任意位置上进行水平标记,得到辣酱灼烧强度的第一个评分。继续咀嚼样品,每30s对灼烧强度进行3min的风味评价。

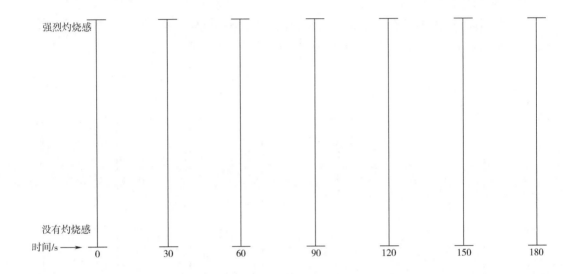

样品1:时间-强度原始数据表(必要时可复制)

编码	0	30	60	90	120	150	180	强度峰值/cm	到达强度峰值的时间/s	总持续时间/s	曲线下面积/g
平均值											
标准差											
标准误差											

样品 2:时间–强度参数汇总表(必要时可复制)

编码	室温				冷藏			
	强度峰值/cm	到达强度峰值的时间/s	总持续时间/s	曲线下面积/g	强度峰值/cm	到达强度峰值的时间/s	总持续时间/s	曲线下面积/g
平均值								
标准差								

风味曲面剖析法 9

9.1 学习指导

9.1.1 实验目的
- 介绍食品分析中的描述性感官分析法。
- 参与感官分析的过程。
- 掌握描述性感官分析法中参照样的作用。
- 在小组工作中获得经验。

9.1.2 背景知识

风味轮廓法是由 Arthur D. Little 小组(Caul,1957)于 20 世纪 40 年代后期开创的。这是一种通过使用一批经过严格培训、具有风味感官分析经验的人员取代只使用一名专业品尝师的方式,以期描述复杂食品体系的风味的方法。该方法有效地应用于检验食品中因成分或加工变化导致的风味差异(Keane,1992)。

与更现代的实验方法不同,传统风味轮廓采用一种已经达成共识的流程。受训人员通过讨论决定如何对食物的不同属性(也由团队选择)进行评分。每个评价员在实验开始时,先独立感受不同的样品,然后一起讨论风味属性并最终完成样品的风味轮廓描述。在描述性感官分析法中,统计分析通常优于基于共识流程的方法,但仍有一些实验室使用风味轮廓分析法(Lawless 和 Heymann,2010)。

在接下来的实验中,我们将通过以参照样和成品为主的小组实验,对市售混合蔬菜汁产品的风味轮廓进行判定,其中参照样为产品中分离的成分。感官评价小组首先对参照样进行评价,提供短期培训经验,然后确定果汁中最显著的风味感官特性。此实验还将说明如何在感官分析中通过其单一组分的风味分析复杂的食品成品。

9.1.3 实验材料和步骤

9.1.3.1 材料(每个小组 4~5 名学生)

评价员将获得含八种成分蔬菜汁样品,包括番茄汁、甜菜泥(新鲜和熟制)、胡萝卜泥

(新鲜和熟制)、芹菜泥(新鲜)、香菜泥(新鲜)、莴苣泥(新鲜)、菠菜泥(新鲜和熟制)、西洋菜泥(新鲜)和盐。同时,每位感官员也将获得成品。这些样品将由小组成员共享,每位小组成员将从小组共享容器中取出单个样品进行感官评价。除了配料之外,还需足量的小杯子、塑料勺子、水、吐水杯、餐巾纸和饼干,供小组中每个人及在每个样品测试中使用。

9.1.3.2　步骤

(1)每组 4~5 名学生,并选一个作为发言人(组长)。

(2)从大杯参照样中取出约 30mL 的样品,将其放在较小的杯子中作为个人训练样品,用笔或无味标签标记样品特征。

(3)当设置好个人参照样组合后,品尝上面列出果汁中的每一个成分。在接到指示前,只对成分进行品尝而不是成品,并且可以以任何顺序对这些成分进行品尝。这样做是为了训练对每组样品中单一风味的辨识度。密切关注每个成分的风味,如果你愿意,请随时做笔记。

(4)当小组中每位成员都对所有成分进行品尝后,可以开始对成品进行评价,然后构建小组的风味轮廓描述。选举一个人成为小组组长,负责记录和报告已完成的描述。小组中每位成员独立进行感官评价,先品尝完成的产品,然后记下成品中所有的风味及能感觉到的成品顺序。在这部分训练中,可以使用一张白纸或便签记录顺序(如果能提供)。使用以下评分标度来表示每种感官的强度:0 = 不存在,) (= 阈值,几乎察觉不到,1 = 弱,2 = 中等,3 = 强。如果觉得有必要,可以使用 0.5 分作为评分标度。

(5)当小组中的每位成员都完成了各自的风味轮廓描述并且对其满意时,则进入小组共识阶段。小组组长将引导各成员讨论,提交小组的风味轮廓描述,并担任发言人。通过小组讨论来比较风味描述及其强度,并试图对各风味描述的强度达成一致(即共识)。不要将小组成员的评分进行平均(这是一个统计方法!)。一旦小组成员达成了这个共识,可将你的风味描述记录在团体选票上,并将其提交给助教进行制表。指导教师可以口头询问学生的描述,并在班上展示,然后比较每个小组的结果。

9.1.4　数据分析

无。

9.1.5　实验报告

本实验报告可能不遵循标准格式,除非在教学大纲、实验手册或课程网站上注明。收集上述训练中所有小组的风味轮廓描述数据。

提供一篇简短的文章,以完整的句子来阐述下面提出的问题,而讨论的谨慎性、深度和质量将决定你的成绩。请参阅 Lawless 和 Heymann(2010)中关于描述性分析的章节(第 10 章),以获得更多的想法或使用下面引用的论文。你可以附加小组数据表来说明你的结论。

通过解决这些问题,来讨论组间与组内的差异性。不要按编号的方式来说明答案,而要用说明文的方式来构建连贯的文章:

（1）通常情况下，小组间是否能在果汁中找到相同的主要风味描述感官特性？

a. 这些团体是否倾向于认同风味描述的相对强度？

b. 什么风味不存在？

c. 如果回答是随机的并且没有达成一致，你会期望什么样的模式？

（2）你是否注意到组间讨论中，关于那些强烈、中等或微弱风味的描述？

（3）你在共识讨论过程中遇到了什么问题？

a. 小组内就特定风味说明的强度达成一致意见是否容易或困难？为什么？

（4）你是否认为小组讨论能够对产品进行准确描述，或者你希望采用哪种统计方法（如平均个人评分）？为什么？

（5）在果汁中是否存在任何风味描述，是参照样中没有的？

9.2 扩展阅读

Caul JF（1957）The profile method of flavor analysis. Adv Food Res 7:1-40.

Keane P（1992）The flavor profile. In：HootmanRC（ed）ASTM manual series MNL 13 manualon descriptive analysis testing for sensory evaluation. American Society for Testing and Materials，West Conshohocken，PA，pp 5-14.

Lawless HT，Heymann H（2010）Sensory evaluation of foods，principles and practices，2nd ed.，Springer Science+Business，New York.

9.3 教学指导

9.3.1 实验成功的关键和注意事项

（1）一般流程　实验分为两个阶段：训练阶段和测试阶段。在训练阶段，每位学生都会将其训练样品放入小杯中，并使用无味标记对样品信息进行标记。学生应该至少花半个小时品尝所有样品，并在一张草稿纸上写上他们想阐述的任何信息。在培训阶段，学生品尝完所有样品后，应自主选出一个小组负责人并继续进行评分。每位学生都应该使用一张白纸来记录他/她个人对风味的评分。

（2）小组可能无法通过平均的方法达成一致，这种达成平均的做法虽然是一种可取的方法，但仍需要对小组进行监控，以确保他们正在进行讨论，不允许平均的现象的存在，而小组组长应及时报告达成共识的样品风味轮廓。

（3）所有小组完成后，应在所有人面前记录达成共识的样品风味轮廓。可以使用黑板、白板或投影仪来显示样品风味轮廓，并讨论各组间的一致程度。这种方式最容易显示该小组是否对样品风味进行降序排列（最强到最弱），并忽略那些不存在的风味。教师和助教应提醒学生那些"不存在"的风味术语应通过小组间讨论的方式最终进行确定。通常情况下，对于最强烈的风味和不存在的风味具有较高的共识度，而对一般强度的风味，共识度则较低。然而，排在前三名或前四名的风味通常是相同的，教师和助教可以将其圈出来进行强调。

（4）制备　留出足够时间用来购物和厨房加工。助教不应低估本实验所需的时间，因为一些材料可能很难找到，如豆瓣。在购物之前，应拜访多家商店或在网站进行搜索，以确保拥有所有你需要购买的材料（或联系生产经理）。

（5）所有样品制备齐全后，实验室的样品是相当丰富的，可以拍照作为记录课程的一种方式。但是，在使用照片时可能需要得到拍照人的许可。

（6）建议将标记为"煮熟的蔬菜"的样品进行蒸制处理，或者可将他们装在有保鲜膜的玻璃瓶中进行微波处理，或进行煮沸处理（但煮沸会损失一些风味）。

（7）可使用少钠的成品替代传统的果汁产品。如果是这样，建议加入氯化钾标准品或含高含量钾的盐替代品，以说明其味道特性。有些学生可能对钾的苦味或金属味道高度敏感，有些则不然，这可作为少钠产品的讨论点。

（8）每个小组中提供一个共同的勺子来分发各个训练样品。不要让学生使用自己的勺子从小组共用容器中取出各自的部分，这在微生物学上是不安全的，因为他们可能已经使用各自的勺子进行品尝了。

（9）在投影仪上标注风味强度尺度（如0至3，带有"阈值"符号）是有用的，或者可以将它写在黑板上。风味强度评分允许0.5分，这可作为风味强度尺度的讨论点。

9.3.2　实验设备

食品加工或搅拌机（推荐两个以上）、刮刀、用于蔬菜蒸煮或煮沸的锅、传统炉顶/炉灶或微波炉、漏勺/过滤器。

9.3.3　实验用品

10~12个30mL或更大的杯子，用于每个学生样品盛放；

10~12个250mL或更大的杯子，用于各小组盛放参照样，并在测试阶段品尝果汁；

无味记号笔，每个学生或每对学生一支；

餐巾、漱口的杯子、吐出剩余样品的杯子、无盐饼干和漱口用水；

用于清洁洒在台面上的液体和收集垃圾所需的材料。

9.3.4　食品样品

番茄汁［尽可能无盐，避免可能含有大量氯化钾的低钠食品，参见9.3.1中（7）］

甜菜泥（新鲜和熟制）

胡萝卜泥（新鲜和熟制）

芹菜泥（新鲜）

香菜泥（新鲜）

莴苣泥（新鲜）

菠菜泥（新鲜和熟制）

西洋菜泥（新鲜）

盐（建议使用犹太洁食）

V-8©果汁("Campbell's"品牌)

9.3.5　实验步骤

9.3.5.1　制备

标记为"熟制"的样品应蒸熟或在少量的水中煮沸直至软化。每个样品应在食品加工机或搅拌机中制成泥状,直至获得光滑均匀的样品为止。

如果样品是在前一天准备好的,应在封闭的容器中冷藏以保存风味。课前应至少提前1h取出,使其达到室温。

为了确保每个实验小组和每位学生具备充足的样品,对于含4~5名学生的实验小组而言,样品量的最低限度应达到240mL。

9.3.5.2　课堂教学过程

确保为两个阶段(训练和评价阶段)留出足够的时间,并强调训练阶段所需集中的程度,在此阶段讨论是允许的。一旦正式评价开始,学生应像在独立的展位一样开展实验(尽管他们不是),而仅当小组所有成员完成他们的空白表格后,才开始进行共识讨论环节,尽量不要让数据的平均值达到一致。

9.4　附件:样品标识和班级数据统计表

风味轮廓

样品说明(必要时将杯子进行简单地标记)

样品编码	实例内容
100	V-8 果汁
200	甜菜泥(新鲜)
201	甜菜泥(熟制)
300	番茄汁
400	胡萝卜泥(新鲜)
401	胡萝卜泥(熟制)
500	芹菜泥(新鲜)
600	香菜泥(新鲜)
700	莴苣泥(新鲜)
800	菠菜泥(新鲜)
801	菠菜泥(熟制)
900	西洋菜泥(新鲜)
30mL/杯	盐

风味轮廓分类数据表(空白)

风味列表由最强到最弱。省略数据为零的风味。

风味	1组	2组	3组	4组	5组	6组	7组	8组

等级量表:0=不存在;)(=阈值,几乎察觉不到;1=弱;2=中等;3=强。

风味轮廓分类数据表(含描述词)

风味	1组	2组	3组	4组	5组	6组	7组	8组
甜菜(新鲜)								
甜菜(熟制)								
番茄								
胡萝卜(新鲜)								
胡萝卜(熟制)								
西芹(新鲜)								
欧芹(新鲜)								
长叶莴苣(新鲜)								
菠菜(新鲜)								
菠菜(熟制)								
西洋菜(新鲜)								
盐								

等级量表:0=不存在;)(=阈值,几乎察觉不到;1=弱;2=中等;3=强。

描述性分析 **10**

10.1 学习指导

10.1.1 实验目的
- 熟悉词汇生成的方法。
- 熟悉感官品评表中收录描述性词汇的标准。
- 熟悉描述性分析数据的收集与分析。

10.1.2 背景知识

在大多数的描述性分析中,非常重要的一步是选择收录在感官打分卡或者品评表上的描述性词汇,这一步是通过感官评价小组评价描述的创造性过程完成的,即从感官评价小组答案中收集所有可能被用来修饰产品或者产品类型的词汇。在这一步中,指导教师通常会在小组分析前列出一些需要描述的类别,从而提供一些感官描述的集中点,如外观、香气、滋味、口感、后味等。

一旦有了初步的词汇列表,描述性词汇的数量可以通过删除多余的或重复的词汇来缩减:一些模糊的词汇(如清新的)和一些有感情色彩的词汇(如令人不快的),还有一些有复杂含义的词汇应该尽量换成简单的词汇(如含乳脂的、奶油色的)。接下来,经过几次训练直到评价小组成员认同每一个词汇的含义以及列表中的词汇足以描述目标产品或产品类型,词汇列表的词汇数量会进一步缩减。如果可能的话,尽可能地找到每一个描述性词汇的标准参照物。

最后,评价小组必须在感官品评表上选择参照词汇来确定最高和最低的得分,这些参照词汇以及上段末提到的标准参照物(如果有的话)可以帮助评价小组在相近的评分区域中给出评价相似的感官评价结果。在接下来的练习中,指导教师将作为小组组长,而其他人则作为组员,利用水果果汁产品来制作一个感官品评表,且这个表在随后实验中将用来分析另外一组产品。

在描述性分析方法中,每个小组成员单独工作,定量分析在特定产品或者一组产品中感受到的感官特征的强度,然后在描述性分析的感官品评表中筛选一些感官特征来描述产品。一组经过训练的感官评价员需要利用目标产品或产品类型训练几次,由此来保证每一个评价员都会用到相近的感官描述词汇和评分,这样的训练能够消除类似于误解词汇定义、参照词汇,或者心理上导致评分等带来的误差,这样在对实际样品的感官分析中,评价小组获得的数据分析结果不会有很大的偏差。

　　感官特征的强度排序通常使用类别或者线性打分系统,通过方差分析(ANOVA)方法分析数据,但 t 检验更合适于只有两个样品的比较分析中。此外,计算每一个感官特征及样品的描述性统计分析结果,包括平均值、标准偏差和标准误差。当 ANOVA 分析结果显示产品间有显著差异时,就会比较平均值间差异,还可以用到一些常见的检验方法包括邓肯多差距比较(Duncan's multiple-range statistic)、杜克真实显著性差异(Tukey's honestly significant difference)以及最小显著性差异(the least significant differences)。

　　完成描述性统计结果的分析和比较后,可以通过散点图来直观地比较样品之间感官特征及其平均值的差异。描述性分析结果最常用的图是雷达图,雷达图可在从中心原点发出的多个坐标上显示不同产品的感官特征强度的平均值,每个坐标轴表示的是描述性分析中的一个感官特征。如果一张雷达图中包括了5~8个感官特征,每个样品的感官特征的平均值会组成一个简单的多边形,然后产品就可以通过图中的两个或多个多边形进行直观地比较了。

　　本实验主要由两个部分组成,第1部分是描述性词汇的收集及感官品评表的建立,第2部分是利用第1部分建立的表格对三个果汁产品进行比较。

10.1.3　实验材料和步骤,第1部分:词汇收集/品评表建立

10.1.3.1　材料

　　首先购买三种不同感官特征的葡萄汁或者苹果汁,这些果汁可以是完全未澄清的100%果汁,也可以是完全澄清的部分果汁产品,也可以使用类似的产品代替。

10.1.3.2　步骤

　　首先,对第一个产品进行品尝,要求每个评价员在一张空白表格中写出他们在这个产品中感受到的所有感官特性,将空白表格分为五个感官类别,包括外观、香气、滋味、口感和后味。在感官评价中按顺序评价这几个感官类别,要求评价员写下品尝时感受到的每一个方面的感官特点。后味是指吐出样品后所有残留的感觉。在过程中请避免使用这些词汇:描述快感的词汇(包括好的、不能接受的等),结合多个方面的复杂描述词(清新的),或者模糊的、指代不明的词汇(天然的)。

　　指导教师将在品评小组讨论后收集所有的描述性词汇,此时小组讨论的目的就是去掉那些多余的、指代不明的和有感情色彩的词汇。

　　品尝第二个产品,此步骤完全重复品尝第一个产品的步骤。此时词汇列表将根据第二

个产品的感官分析结果继续扩大或者缩小。另外,从目标待测样品中取样分析,感官评价小组应从中判断使用某一个参照词汇并且决定是否需要实际的参照物来解释一些特定的描述词汇。

这样的感官分析和小组讨论可能会进行第三次来进一步精简感官品评表上的词汇,这个实验的最终目的是服务于下一步的实验。

10.1.4　实验材料和步骤,第 2 部分:描述性评价

注:通常在第 1 部分和第 2 部分之间会有半小时的休息,从而让指导教师有时间建立感官品评表。

10.1.4.1　材料

三个葡萄汁或者苹果汁样品。

10.1.4.2　步骤

助教或者指导教师会提供给每位评价员三个苹果汁样品,每个样品使用三个随机数字编码,使用先前的感官品评表对样品进行评价和排序。

10.1.5　数据分析

与指导教师沟通确认是否需要做 ANOVA 分析及最小显著性差异检验,或者结果是否需要阐述和作图。建议给每个评价员分配一个感官特征进行双因素 ANOVA 分析(产品和评价员作为因素)。可以参考 Lawless 和 Heymann(2010)的方差分析附录部分。(注:如果某一评价员在某一个感官特征上有缺失的数据,则该评价员的结果应被剔除出去。)

10.1.6　实验报告

除非有其他的要求,实验报告应按照标准的实验格式详细记载实验结果。在结果中应指出有显著差异的感官特征并且说明产品有差异的原因。例如,产品 387 比产品 582 更甜,酸味更弱并且涩感更弱。仅讨论有显著差异的方面,而不要在没有显著差异的方面做过多论述。

通过平均值的柱状图或者雷达图来展示产品间的差异。

在一个附录里通过一个表格放置所有感官特征的平均值以及平均值的标准误差,以产品为列,感官特征为行,最小显著性差异结果通过在不同列之间的不同字母来表示显著性差异,相同字母则表示没有显著性差异。例如,产品 387 与产品 582 有显著差异,则它们分别用字母 A 和 B 标识,而产品 245 与上述两种产品都没有显著差异,则产品 245 同时用字母 A 和 B 来标识。

10.2 扩展阅读

An simple example of descriptive analysis in practice can be found in：Lawless HT，Torres V，Figueroa E（1993）Sensory evaluation of hearts of palm. J Food Sci 58：134-137.

Lawless HT，Heymann H（2010）Sensory evaluation of foods，principles and practices，2nd ed.，Springer Science+Business，New York.

Meilgaard M，Civille GV，Carr BT（2006）Sensory evaluation techniques，4th ed.，CRC Press，Boca Raton，FL.

Stone H，Sidel J，Oliver S，Woolsey A，Singleton RC（1974）Sensory evaluation by quantitative descriptive analysis. Food Technol 28：24-29,32，34.

10.3 教学指导

10.3.1 实验成功的关键和注意事项

（1）一般流程　本实验包括两个阶段，词汇生成阶段和测试阶段。

（2）在词汇生成阶段使用的三个样品应具有不同的感官特征。这可能需要一些初步的评价和评价人员的台式品尝来决定适合的样品。以当地产品为例，小量生产的产品有时会表现出与大规模生产产品不同的特性。另外，如由浓缩汁或不同水果源组合制成的儿童果汁饮料，因存在变数应该被替代。如果可能的话，测试样品应该包含至少一种之前未在准备阶段看到的新产品。

（3）在品评表生成和测试阶段之间通常有必要设置一个时间间隔，以允许指导教师或助教编制品评表，除非提前或前一年已准备好品评表。在抽签和复印投票时，可能需要招募学生来帮助倾倒样品和/或标记杯子。

（4）指导感官评价小组完成词汇生成练习对指导教师是一项具有挑战性的任务。如果没有指导或实践的经验，则不能担任该工作。本部分结尾处列出了指南。

（5）分析选项　指导教师可以执行方差分析并将结果、平均值和标准偏差告诉评价员。或者，可以要求每位评价员做一个双向方差（单因素）和最小显著性差异（LSD）检验，并将结果张贴或通过电子邮件发送给指导人员进行汇编。如果品评小组人员足够大，应将每个属性分配给两个或两个以上的学生，以便可以相互检查工作。在执行和做出报告之间可能需要额外的一周时间，除非催促他们以加快处理速度。

（6）建议使用熟悉领域的产品　例如，如果本实验室在乳制品方面很擅长，则可以使用干酪或乳制品代替果汁。

10.3.2 实验设备

无。词汇生成阶段需要黑板、白板或挂图。除非使用计算机辅助数据收集系统，否则指导教师需要在间隔阶段使用影印机打印品评表。

10.3.3　实验用品

(1)提供给每位评价员盛放样品的杯子6~8个,每个容量30mL或更大(推荐100mL)。

(2)提供每位评价员60~250mL或更大容积的容器1个,用于盛放冲洗杯子的废水或者充当吐水杯。

(3)其他物品　餐巾纸、漱口杯、吐杯、无盐饼干和冲洗用水等。

(4)溢出控制和垃圾处理装置。

(5)所需样品　同一类型的商品果汁(苹果汁或葡萄汁)中的三种或四种。每样至少需要2L,建议在第一阶段推荐每位评价员品尝50~100mL。最低不能低于30mL。

10.3.4　实验准备

样品可以提前倒出并在室温下准备好。建议在样品杯子上使用纸标签,所有的样品应该使用随机的三位数字编码标记,要求标签无色无味。

10.3.5　快速审查描述词汇并建立品评表

(1)指导教师在品评小组完成第一个样品品尝时,汇总他们使用的描述词汇。

(2)在黑板上使用外观、香气、风味/滋味、口感和回味五类词汇作为标题来收集词汇。

(3)小组品尝第一个样品时指导教师不需要判断词汇,但要记录下评价小组使用的所有词汇。请评价员口头说出他们的词汇,不要评判他们或指出什么是对的或错的。

(4)小组品尝第二个样品时,指导教师可以开始清除喜好性术语。经过小组一番讨论后,还可以尝试合并冗余的词汇,如酸与酸性、涩味与干燥等。

(5)对于含糊不清或意思混杂的词汇,尽量阐述清晰,如"清爽"是什么意思? 这是什么感觉?

(6)需要强调的是,如果一个词汇仅由一名或几名评价员提出,那么在真正的数据采集中,需要他们找到参考标准来说明这个词汇的含义,以便在未来的培训课程中进行评价。但是"现在",我们没有时间这样做。

(7)不要忘记为每个级别获得锚点词汇(例如,无-非常强、明-暗、薄-厚)。

(8)指导教师采用常用的和一致的词语来制定品评表,15~20个词汇即可。

10.4　附件

10.4.1　描述性词汇品评表

描述性词汇练习

(1)观察所有的产品的视觉属性并列在"外观"下面。

(2)通过嗅探顶空来检查香气属性,并在"香气"下列出所有嗅觉属性。

(3)品尝该产品并注意滋味/风味下的所有滋味和风味属性。

(4)研究所有的口感属性和触觉属性,并列在"口感"下面。

(5)吐出该产品并在"后味"下标记所有回味特征。

外观	香气	滋味/风味	口感	后味

注:在随后的样品中,可以圈选已经标记的属性,也可以多次圈选它们。

10.4.2　苹果汁样品品评表

苹果汁样品品评表

当练习中确定术语时,需要在空处记下术语。

外观

1. 澄清度

非常澄清   非常混浊

❏ ❏ ❏ ❏ ❏ ❏ ❏ ❏ ❏ ❏

2. ＿＿＿＿

❏ ❏ ❏ ❏ ❏ ❏ ❏ ❏ ❏ ❏

3. ＿＿＿＿

❏ ❏ ❏ ❏ ❏ ❏ ❏ ❏ ❏ ❏

4. ＿＿＿＿

❏ ❏ ❏ ❏ ❏ ❏ ❏ ❏ ❏ ❏

香气

5. ＿＿＿＿

❏ ❏ ❏ ❏ ❏ ❏ ❏ ❏ ❏ ❏

6. ＿＿＿＿

❏ ❏ ❏ ❏ ❏ ❏ ❏ ❏ ❏ ❏

7. ＿＿＿＿

❏ ❏ ❏ ❏ ❏ ❏ ❏ ❏ ❏ ❏

8. ＿＿＿＿

❏ ❏ ❏ ❏ ❏ ❏ ❏ ❏ ❏ ❏

9. ＿＿＿＿

❏ ❏ ❏ ❏ ❏ ❏ ❏ ❏ ❏ ❏

滋味／风味

10. _____

□　□　□　□　□　□　□　□　□　□

11. _____

□　□　□　□　□　□　□　□　□　□

12. _____

□　□　□　□　□　□　□　□　□　□

13. _____

□　□　□　□　□　□　□　□　□　□

14. _____

□　□　□　□　□　□　□　□　□　□

15. _____

□　□　□　□　□　□　□　□　□　□

口感

16. _____

□　□　□　□　□　□　□　□　□　□

17. _____

□　□　□　□　□　□　□　□　□　□

18. _____

□　□　□　□　□　□　□　□　□　□

残渣

19. _____

□　□　□　□　□　□　□　□　□　□

20. _____

□　□　□　□　□　□　□　□　□　□

参考标准在小组训练中的运用

11

11.1 学习指导

11.1.1 实验目的
- 使学生熟悉小组训练中的进行强度和质量判断的参考标准使用方法。
- 说明在描述性分析及相关方法中如何使用校准刻度。
- 展示如何利用特定的物理实例来增强词汇量的发展。

11.1.2 背景知识

训练有素的评价小组可以进行一些特定情况的感官评价。最常见的是描述性分析,在这种分析中,一个小组必须同时开发用于描述产品的词汇表,以及为每个属性高低数量的例子提供一个参考框架。另一个常见的描述性分析应用的例子是质量控制,可以在关键属性上评价产品或检查缺陷。缺陷或污染分析在流体乳和一些常见的干酪等标准商品的分级方面有着悠久的历史。小组训练的一个重要方面是使用参考标准来培训和例证说明这些特定的感官评价。在一些感官评价方法中也使用参考标准来举例说明给定属性的特定强度等级。一个很好的例子就是美国材料与试验协会(ASTM)开发的辣椒热量表,用于评价各种辣椒产品和衍生物的热强度。

使用特定术语的参考标准在一些方面是有用的。例如,当进入小组训练时,并不是每个人都对"绿色"香气有同样的想法。参考标准的使用,往往与特定的化学物质相联系,如顺-3-己烯醇,它们可以让小组中的每个人对议题有大致相同的想法。一些参考标准是日常产品或普通产品的处理方法,如将芦笋罐头中的汁液添加到葡萄酒中,以显示特定产品中的绿色或芦笋型香气。这有助于概念形成或概念校正。这样做的目的是让所有的小组成员在寻找产品属性并评价其强度时考虑相同的经验。总的目标是通过为整个小组提供一个共同的参考或基准来降低个体间的差异。香气参考标准和气味、滋味的描述词汇可以在葡萄酒香气"风味轮"的文献中找到,并且针对其他商品也开发了类似的分类系统。有关产品缺陷判断的典型例子可以在乳制品类文献中找到,并附有说明具体缺陷特性的配方。

有时用强度尺度来校准小组成员也是有用的。重要的相关案例可以在关于质构描述方法的文献中找到。在质构描述训练中,给出小组成员不同硬度等级的例子,以便通过食物样品咬合力来校准自身。这种刻度使用普通易获得的产品作为不同硬度等级的参考材料。其他质构属性的刻度也是该方法的一部分。在一些描述性分析技术中,值得注意的是Spectrum™方法,通用的 15 分制分类别范围适用于不同的滋味、香气和风味强度的参考项目。在本实验中,我们将以 15 分制感官强度范围为例来观察甜度。

请注意,虽然这些关于训练、校准和统一性的想法假设使得人们在标准方面获得了相似的经验,但实际上不一定如此。即使每个人的经验不同,然后,他们的想法是可以被翻译或转变的,以符合小组的判断,这却违反了心理物理学模型。在心理物理学方法中,受试者唯一的工作是报告他们的力量或强度,而不是转化为别人的任意强度刻度。因此,尽管这种方法在总体上是有用的,但学生应该认识到,即使是来自同样的刺激,也并非所有人的经历/感受都是一样的。例如,让人们对同一种化学或风味物质的苦味水平达成一致是非常困难的,因为有太多的遗传变异了。出于这个原因,一些强度刻度已经成为人们记忆中更为普遍的经验基础,在 Lawless 和 Heymann(2010)第 7 章中,讨论了一个正在进行的辩论。

关于参考标准的更多信息可以在 Rainey(1986)的论文、Szczesniak 等的质构特征的论文(1963)、辣椒热量的 ASTM 标准实例(ASTM 2008),以及葡萄酒香味"风味轮"的论文及其标准(Noble 等,1987)中找到。有关乳制品缺陷的配方在 Bodyfelt 等(1988)的著作以及新版(Clark 等,2009)第 551~560 页中均有介绍。在 Meilgaard 等(2006)的论文中强度参考的一般用途是用于味觉和风味的描述性刻度。特定香气属性词汇——"绿色风味"的一个很好的例子可以在 Hongsoongnern 和 Chambers(2008)的论文中找到。

本实验分为四个练习或"选项"。指导教师可能会希望做所有的四个练习或者只是其中的一部分练习,所以请查看你的课程大纲或网站以获得更多的细节。每个选项都有一个训练阶段和测试阶段。

11.1.3 实验材料和步骤

11.1.3.1 材料
选项 1:甜度强度的参考标准。在训练阶段,你会获得 4 个参照点,分别为:在 15 分制甜度刻度中由不同浓度的蔗糖组成的 2、5、10、15。在测试阶段,你将使用刚刚练习的甜度刻度来评价给出的各种水果饮料例子的甜度强度。

选项 2:硬度强度的参考标准。你将会得到 9 个参考数据来代表 9 分制感官刻度的硬度水平。

选项 3:葡萄酒香气的参考标准。你会获得 5~6 个参比葡萄酒样品,放置在被覆盖的品尝玻璃杯中供你嗅闻,每个都将被标记一种香气特征。完成之后,在测试阶段将有另外一组 5~6 个盲编码的样品供你尝试,通过嗅闻给其贴上正确的香气特征标签。

选项 4:流体乳中的乳制品缺陷。你会获得 4~5 个流体乳样品,品尝不同类型在乳制品鉴定中判定为缺陷的风味特征。训练完成之后,你将得到 4~5 个盲编码样品。

11.1.3.2 步骤
选项 1:甜度强度的参考标准。按从最低到最高的浓度顺序品尝样品。确保在品尝每个样品之间漱口。一旦你尝遍了所有的食物,就可以使用托盘上的 4 个盲编码样品来"测试"自己。试着将每个盲编码样品分配给 4 个参考级别中的一个,助教或指导教师将提供一个代码表来向你显示"正确的"答案。如果你在任何级别上都不正确,请返回并再试一次参考样品,从低到高再品尝一次。

训练完成之后,尝试三种盲编码饮料,根据你对甜度感官刻度的理解程度来分配甜度等级。

选项 2:硬度强度的参考标准。把样品放在你的臼齿之间,注意一次咬下所需的力量。如果你不能咬最硬的两个样品,那就舍去这些样品。完成之后,你将得到 3 个测试样品,并使用 9 分制感官刻度对硬度进行评价。

选项 3:葡萄酒香气的参考标准。首先提供一系列表面盖有玻璃或类似覆盖物的酒杯,轻轻摇晃样品,然后取下盖子,迅速嗅闻顶空位置的气味。在玻璃盖上列出香气属性。如果感觉不清晰,你可以重复嗅闻。当对所有的酒杯取样后,请移动到待测样品的托盘上。依次嗅闻每一个样品的顶空气味,并从参照样品中选择其中一种香气词汇,在词汇表中填写随机的三位数字代码。如果你觉得多个样品具有这个特征,则可以输入该词汇的两个代码编码;如果你觉得一个样品有两个特征,你可以标记这两个特征。

选项 4:流体乳中乳制品缺陷的参考标准。你将会看到一组玻璃或塑料杯,标签上标有具有特定乳制品缺陷的特征。品尝每个样品并吐出,仔细注意样品的香气特征。你也会得到大量没有缺陷的新鲜牛乳样品以进行比较。如果你认为有帮助的话,可以在品尝每个样品之间用清水漱口以防止味道堆积或把它带入下一个样品中。当完成参考标准的检查后,你会得到一个托盘,4~5 个牛乳样品放在有盖的容器里。尝试根据接受过的训练来识别缺陷,并将其列在三位数字编码旁边。如果你觉得可以通过简单的嗅闻来识别缺陷,则不需要品尝样品;如果你觉得样品有多个缺陷,则需要同时记录;如果你觉得牛乳没有缺陷,请将其留空。

完成每项练习后,在主表单上记录你的选择/答案。

11.1.4 数据分析

助教或指导教师将为你提供强度参考数据的电子表格。一个单独的表单将通过频率计数显示小组成员对香气和乳制品缺陷的词汇选择。

(1)强度参考,计算均值,标准偏差和平均值的标准误差。如果你执行两个选项,把它们放在一个简单的表中,可一个用于甜度,另一个用于硬度。

(2)对每个选项中的样品执行简单的单向方差分析。有显著差异吗?

(3)对于词汇频率,为每个样品和小组成员做出的选择做一个简单的条形图。

11.1.5 实验报告

本实验将使用标准格式,除非你的指导教师另有建议。

按照如下操作,报告你的结果:

(1)参考你的表格和图表,描述发生了什么现象。

a. 对于强度参考,有些产品比其他产品更易改变吗?如果是这样,你觉得为什么会发生这样的现象?

b. 描述基于 ANOVA 的结果是否有显著性差异。

c. 对于香气和缺陷的参考,是否有某些特征比缺陷所显示的特征更难以识别,你觉得为什么会发生这样的事?

在讨论中,解决以下问题:

(2)你觉得通过"训练",可以更好地完成这些任务吗?

a. 如果没有训练阶段,你认为数据会是什么样子?

(3)为了达到完美或近乎完美的表现,你认为需要多少次?

(4)随着训练的继续,你将如何监控小组成员的进步?

11.2   扩展阅读

ASTM (2008) Standard test method for sensory evaluation of red pepper heat. Designation E1083-00. In: Annual book of ASTM standards, vol 15.08, End use products. American Society for Testing and Materials, Conshohocken, PA, pp 49-53.

Bodyfelt FW, Tobias J, Trout GM (1988) Sensory evaluation of dairy products. Van Nostrand/ AVI Publishing, New York.

Clark S, Costello M, Drake M, Bodyfelt F (eds) (2009) The sensory evaluation of dairy products. Springer Science + Business, New York. See Appendix F, Preparation of samples for instructing students and staff in diary product evaluation by Costello M, Drake M, pp 551-560.

Hongsoongnern P, Chambers EC IV (2008) A lexicon forgreen odor and flavor characteristics of chemicals associated withgreen. J Sens Stud 23: 205 – 221.

Meilgaard M, Civille GV, Carr BT (2006) Sensory evaluation techniques, 4th edn. CRC Press, Boca Raton, FL.

Noble AC, Arnold RA, Buechsenstein J, Leach EJ, Schmidt JO, Stern PM (1987) Modification of a standardized system of wine aroma terminology. Am J Enol Vitic 38(2): 143-146.

Rainey BA (1986) Importance of reference standards in training panelists. J Sens Stud 1: 149-154.

Szczesniak AS, Brandt MA, Friedman HH (1963) Development of standard rating scales for mechanical parameters of texture and correlation between the objective and the sensory methods of texture evaluation. J Food Sci 28: 397 – 403.

11.3   教学指导

11.3.1   实验成功的关键和注意事项

(1)在这些练习中标准品准备需要投入大量的时间。确保助教投入足够的时间获得材料和准备样品,注意乳制品标准的时间范围①(24~48h,这是因为并非所有的乳制品缺陷都

---

① 即乳制品的标准贮藏时间,就是应该在实验前的这段时间准备样品,再长就会变质。——译者注

一样）。

（2）你可能不希望在实验室里完成所有的参考标准。例如,如果学校不赞成在课堂上喝酒,那么可以选择研究乳制品缺陷的参考标准。但请记住,葡萄酒只闻味道,而不是饮用。

（3）在葡萄酒品评练习中,你可以选择不同的参考文献,参考原版的葡萄酒风味轮论文。同样,其他的乳制品缺陷也可以在 Bodyfelt 等的著作中,或者由 Clark 等(2009)编著的新版文献中找到,以及它们关于如何准备的说明。如果你发现有疑问,请联系作者。

（4）并非所有的质构参考都是现成的。如果找不到它们(冰糖可能很难找到),你可以省略该刻度点,但是尽量不要跳过相邻两点。

（5）巧合的是,甜度的 15 分制与质量浓度是对应的[例如,5 对应 50g/L 的蔗糖浓度(即 5%的蔗糖)],直到你达到更高的浓度(10 以上),甜味函数才开始饱和。

（6）你应该预料到果汁饮料样品的评级在浓度方面可能与蔗糖浓度参考值不匹配。这是由于酸味物质/酸味或其他成分对甜味的抑制。因此,Kool-Aid 中的 5%蔗糖平均得分低于甜度 5 分。这是一个讨论点。

（7）强调:这些刻度与享乐无关!

（8）如果学生有兴趣,可以讨论一下质量评判系统,如美国乳品科学协会大学生乳品评审比赛。强调不同的缺陷或多或少都会造成损害,并且减去不同的点(也基于缺陷的强度)。预计本次比赛的学生将会记住所有缺陷的分数惩罚系统。

（9）在以前的实验室中,是按蔗糖的质量浓度来确保达到正确的最终体积。例如,对于 100g/L 的蔗糖,需要将 10g 蔗糖加入 50~75 mL 水中,旋转和/或搅拌,直到溶解,然后定容达到 100mL,再搅拌混合。不要简单地将 10g 蔗糖添加到 100mL 水中,由于糖占了部分体积,导致水会膨胀,最后你会得到不正确的最终体积。

（10）大多数学生不熟悉全脂牛乳的口感,可能会抱怨。这可以是一个讨论点,因为训练有素的小组成员不能发牢骚。

11.3.2 实验设备

对于"选项 3",有盖的红酒杯,如玻璃杯。每 5 名学生有 10 个杯子,5 杯用于培训,5 杯用于测试(每 20 名学生 40 个杯子)。

对于"选项 4",乳制品缺陷实验,一个搅拌盘和 1L 烧瓶或类似的玻璃容器。如果制造脂质化的缺陷,则需要用炉子或热/搅拌板和温度计进行巴氏杀菌。

11.3.3 实验用品

产品展示用杯子或盘子。

对于选项 4:乳制品缺陷,170~250mL 带有缺陷的乳制品。有盖子的塑料杯子。

贴标签的方法(纸杂货店标签枪或类似的,或无味的标记)。

餐巾、冲洗杯、吐水杯、无盐饼干和冲洗水,泄漏控制和垃圾收集所需的物品。

所需样品(基于 20 名学生)。

选项 1:甜度强度参考

2kg 商业蔗糖与 2~3 包不加糖的粉末饮料混合成 0.5 L,组成以下解决方案,每批次 20 名学生:

标度点 2:20g/L 蔗糖水溶液(2g / 100mL 最终溶液＝ 10g / 500mL)

标度点 5:50g/L 蔗糖水溶液(5g / 100mL＝ 25g / 500mL)

标度点 10:100g/L 蔗糖水溶液(10g / 100mL ＝ 50g / 500mL)

标度点 15:160g/L 蔗糖水溶液(16g / 100mL＝ 80g / 500mL)

测试样品:补充 0.5L 批次的粉状,不加糖的饮料混合物(不得是"无糖",其可能含有人造甜味剂,但是完全不加糖),为 50、80 和 120g/L 蔗糖。

选项 2:硬度质构参考

参考标准:参考表 11.1 的质构参考。记下样本大小并相乘以数量,获得班级所需要的量。推荐使用法兰克福香肠("洁食①"认证),以获得原始质地硬度标度。冰糖的硬度是理想的参考,但这种硬度可能很难达到。如果是这样的话,可以用一种救生圈式硬糖代替的原始样品的高度为 1/2 英寸,可以近似看成 1.2cm。尺寸不必精确。

请注意,每个学生需要一个鸡蛋,煮沸后切下尖端(蛋清部分,1min 硬化),剩下的鸡蛋丢弃。

测试项目:巧克力饼干(每个学生 1/4 个,4 个大致相同尺寸的碎片)、白面包(切成 2 个方格),以及芹菜梗(每个学生 1 个小节)或类似的蔬菜。

购物清单(基于 20 名学生):250~340mL 奶油干酪,250~340mL 加工干酪,2 打鸡蛋,1 个 170~250mL 的罐装橄榄油,1 个 250mL 的罐子或鸡尾酒式花生罐,0.9kg 花生脆(坚果将被移除/避免),3~4 根新鲜胡萝卜,0.22kg 冰糖或 2~3 卷救生圈式硬糖,1 包(8 支)全牛肉法兰克福香肠(条件允许的话,可选用犹太洁食),1 包巧克力饼干,1 条普通白面包和 1 把芹菜。

表 11.1　　　　　　　　　质构硬度标准的参考标准

标度点	项目	来源/品牌	尺寸	适宜品尝的温度(推荐)
1	奶油干酪	卡夫/费城	$1.2 cm^3$	6.6~12.7℃
2	蛋清	硬熟	1.2cm 尖端	室温
3	热狗	大,无皮,生	1.2 cm	10~18.3℃
4	加工的干酪	卡夫或类似品牌	$1.2 cm^3$	10~18.3℃
5	橄榄	大,无坑,饱满	1 颗橄榄	10~18.3℃
6	花生	鸡尾酒的风格,例如,美国绅士品牌	1 粒花生	室温
7	胡萝卜	生,新鲜	$1.2 cm^3$	室温
8	花生碎	糖果碎块,没有坚果	$1.2 cm^2$	室温
9	硬糖	冰糖或救生圈式硬糖	约 0.5cm 或 1 个救生圈式硬糖	室温

① 英文 kosher,译为"洁食",指符合犹太教规的食材。

选项3：葡萄酒香气参考

约4L白葡萄酒。推荐一款口味简单、品种少的混合酒或一个毫不起眼的品种箱酒，如加州本地灰比诺（Pinot Grigio）。有关缺陷的示例，请参阅表11.2。

购物清单：1个新鲜的青椒，1小瓶香草香精，1小瓶人造奶油香精，1小罐或1瓶利宾纳黑醋栗汁，1包新鲜葡萄干，57mL橡木素，橡木提取物或类似物，或约30cm长、5cm宽的红色橡木切片。如果物料项目难以获得，可以省略其中的一个或两个。其他建议和配方可在第二个红酒香气风味轮的文献中找到（Noble等，1987）。

表11.2　　　　　　　　　葡萄酒香气词汇的参考标准的例子

词汇	食谱	可替代
二乙酰（黄油）	1滴黄油调味提取物/100mL葡萄酒	
橡木	2~3mL橡木香气/25mL葡萄酒	新鲜的橡木屑，可在夜间浸泡
香草	1~2滴香草提取物/25mL葡萄酒	
葡萄干	5~8个碎葡萄干/25mL葡萄酒	
Labrusca（产自美洲的葡萄品种）/邻氨基苯甲酸甲酯	5mL韦尔奇的康科德葡萄汁	
黑醋栗	5mL利宾纳黑醋栗汁	10mL黑醋栗
甜椒	1cm×1cm的新鲜青椒，使用前浸泡30min，并取出	

选项4：乳制品（牛乳）缺陷

表11.3给出了流体乳中乳制品缺陷的例子。你可以选择其中的4~5个，也可以包括一个无缺陷的新鲜牛乳样品。

每一缺陷实验需要2L巴氏灭菌全脂牛乳。

如果你决定研究脂质缺陷，你需要准备生牛乳。

对于金属催化的氧化缺陷，需要$CuSO_4 \cdot 5H_2O$（1%原液）。

对于果味/发酵缺陷，需要己酸乙酯。

新鲜培养的酪乳酸缺陷（半品脱[①]足够）。

表11.3　　　　　　　　　乳制品缺陷和制备食谱的例子

缺陷	食谱	备注
金属氧化	1.8mL 1%$CuSO_4$溶液至600mL全脂牛乳	制备1%$CuSO_4$原液并储存
光氧化	将600mL全脂牛乳暴露在明亮的阳光下12~15min	提前24h准备（无氧条件下储存2d）
腐臭（脂肪分解）	将100mL生牛乳与100mL巴氏杀菌牛乳混合，并在搅拌机中搅拌2min。加400mL，共达600mL	巴氏杀菌后，可以通过于70℃加热10min，闻到缺陷；提前24~36h准备

---

① 半品脱=0.284L。——译者注

续表

缺陷	食谱	备注
果味/发酵	1.25mL 1%的己酸乙酯(食品级)每600mL 牛乳	
煮熟的	将600mL 牛乳于80℃加热1min 并冷却	
酸味	在575mL 全脂牛乳中加入25mL 新鲜培养乳	提前24~48h 准备。确保品味缺陷是可感知的

11.3.4　实验准备

一般事项:样品可能被提前装盘或放在托盘上的杯子里。

参考标准应清晰地标明强度数字,酒香味的名称或乳制品缺陷的名称。

所有的测试样品应该用随机的三位数字编码标记。推荐在纸杯上贴纸质标签。如果使用标记,应该是无味的。

选项1:确保按照质量浓度(如 g/L) 的规定补充蔗糖标准和测试饮料

这意味着你必须得到正确的最终体积。不要简单地将10g 蔗糖添加到100mL 水中,因为水会因糖分子吸收的体积而膨胀。你必须从少量的水开始,溶解糖,然后定容达到最终所需的体积(当然也要搅拌)。

在室温下,20mL 的参考标准和实验样品可放在28~113mL 杯中。

选项2:硬度、质构比例

用标有刻度点的标签在小杯中提供参考标准。应指示学生将热狗样品煮熟后取出。用三位数编码的杯子或盘子分三个部分,并贴上标签以供测试项目。

请注意推荐的提供样品时温度。如果无法维持这些温度,则可在室温下提供样品,只要这不影响项目的安全性/完整性。

选项3:葡萄酒香气

对于葡萄酒香气标准,约每五名学生可以使用一套训练眼镜和一套测试眼镜。他们可以分组工作,并传递参考资料。他们应该自由地讨论参考标准,而不是独立分散地测试样品。表11.2 给出了几个推荐的参考标准。如果有些物品难以获得,你可以选择其中的5~6 个。

一定要嗅闻到所有准备好的参照样品,并在上课之前确保它们清晰可辨。由于个体嗅觉能力的差异,必须有1 名以上的小组成员闻到样品(推荐使用3 名嗅觉者)。如果样品感觉很微弱,需相应地调整配方。

选项4:乳制品缺陷

将50mL 样品倒入100 mL 塑料杯(113mL 或更大)中。杯子必须有盖子。如果你制造脂质化的缺陷,则应在缺陷形成之后和食用之前对乳制品进行巴氏杀菌。加热至70℃,至少保持10min,然后冷却并保存。

样品应该在课前24~48 h 准备好,以确保经典的缺陷风味的全面形成。准备好玻璃容器。更多信息和细节见 Bodyfelt 等的著作第474~477 页或新版(Clark 等,2009)第551~560 页。

接受性和偏爱测试 12

12.1 学习指导

12.1.1 实验目的
- 熟悉接受性测试和偏爱测试的常用方法。
- 了解处理无偏爱响应的方法。
- 强化理解标度数据的简单 t 检验和比例数据的二项式检验。

12.1.2 背景知识

标度接受性和偏爱测试是两种最常见的盲评食品或消费品消费者吸引力的方法。接受性是指在分级标度上收集喜欢或不喜欢的回答。衡量可接受性的行业标准是九点喜好标度。该标度由四个喜欢的词汇和四个不喜欢的词汇构成，并在喜欢和不喜欢的词汇前面使用轻微、中等、非常、极度进行修饰。提供了一个中性点选项——既不喜欢也不厌恶。数据通常以 1 至 9 的方式进行评分和记录，其中 9 代表最高喜好程度。9 点喜好标度具有很长的使用历史，尽管多年来它的使用存在争议，多种替换标度被提出，但九点喜好标度仍然在食品工业中被广泛应用。

另一种消费者喜好评价的方法是基于选择展开的，通常是从两个产品中选择一个，数据由喜欢每个产品的频数构成。如果是被迫选择（你必须选择一个），那么数据可以通过一个简单的基于二项式的测试来分析，预期比例为 0.50（50% 的偏爱或相等的分割）。许多研发人员以及市场营销人员喜欢采用这种方法，因为它对差异敏感，易于解释。然而，它也有一些缺陷，例如：①尽管在两个产品中相对更喜欢一种产品，但可能二者都不喜欢；②50/50 的区分并不明确。这可能意味着确实没有偏爱，也可能意味着所提供的两个版本都喜欢。尽管如此，简单成对偏爱测试是产品优势宣传的基础（如"品尝全美最好的热狗！"）。

如果允许消费者选择"无偏爱"，则会出现更复杂的情况。第三种选择导致无法使用简单二项统计模型，除非伪造数据使其返回到两类频率计数。Lawless 和 Heymann（2010）讨论了各种不同的处理方法，包括：①忽略无偏爱的问卷（即扔掉它们）；②把无偏爱的问卷按照

50/50 的比例分配到两个产品上;③根据已明确表明了偏爱的回答,按比例分配无偏爱的问卷。也就是说,如果在已表明偏爱的人群中,两个产品的分配比例为 60/40,则按相同的比例将无偏爱的问卷分配到两个产品上。其他可用的统计处理包括多公式分析和瑟斯通建模等。

这两种测试只能在频繁使用产品的消费者样本上进行。通常使用单独的调查问卷来筛选参与者。为了这个实验目的,假装班级的学生由这些产品的所有用户组成。当然,如果因为饮食、宗教或医疗方面的原因,可以拒绝品尝任何你通常不吃的产品。

由 Lawless 和 Heymann(2010)著作的第 13、14 章给出了有关接受性和偏爱测试的更多信息。在第 15 章中概述了消费者测试的一般注意事项,包括问卷设计。

12.1.3 实验材料和步骤

12.1.3.1 材料

提供四对脂肪含量或钠含量不同的产品。它们可能会放在同一个托盘上。如果是这样,请确保样品的三位数编码与回答表上的编码一致(应该始终注意这点)。

12.1.3.2 步骤

一半的学生先进行接受性测试,另一半先进行成对偏爱测试。在接受性测试中,品尝每个产品并对每个产品进行单独评分(无须比较或返回重新品尝)。使用 9 点标度问卷。选择一个最能代表你对产品整体意见的选项。完成评价后,在回答表上记录下对所有四对产品的评级。

在偏爱测试中,按照回答表上列出的顺序(从左到右)品尝产品。选出你最喜欢的测试样品(或者如果两个都不喜欢,选择最不厌恶的那个)。如果你同样喜欢或同样不喜欢两种产品,则可以选择"无偏爱"。在回答表上记录你对四对产品的选择。

12.1.4 数据分析

(1)对标度数据采用四个成对 t 检验进行数据分析 在图表中报告平均值和标准偏差。Lawless 和 Heymann(2010)著作的第一个统计附录章节介绍了成对或非独立 t 检验。

(2)对四组偏爱/选择数据进行二项式检验 采用的公式是对于零/预期比例 0.5 进行分析:

$$z = \frac{[p_w - 0.5] - \left(\frac{1}{2N}\right)}{0.5/\sqrt{N}} \tag{12.1}$$

其中,p_w 是更喜欢的产品的比例,即获得更多选择的产品;N 是评价员的总数;$1/2N$ 是连续性修正。对于 $p<0.05$,双边检验 z 的阈值为 1.96。采用三种无偏爱回答处理方法对四种产品进行简单二项式 z 检验,①忽略无偏爱响应(降低 N),②将无偏爱回答均等地分配给

所比较的两个产品;③根据选择偏爱的比例,将无偏爱回答对应分配给两个产品。如果有小数,可以向上或向下取整。如果有四对产品,则需要进行 12 次计算。

12.1.5 实验报告

本实验将使用标准格式,除非指导教师另有要求。在报告结果时,应包含以下内容:

(1)根据结果说明哪些产品被偏爱(=明显更高的评级或显著的偏爱分割),如果有的话。

(2)比较偏爱测试与接受性测试的结论。

(3)为每个产品制作平均可接受度和标准误差表格。t 检验是否发现显著差异。

(4)制作二项式 z 检验结果表。列出每个分析方法和每对产品的 z 分数。列出是否有明显的偏爱选择,如果有的话,列出偏爱产品。

(5)如果样本量足够大,可以根据产品使用频率(将无偏爱回答组做一个单独的类别)制作偏爱选择表,作为报告的附录部分,并将发现的任何模式,以及经常使用产品的用户与不使用产品的用户或不经常使用产品的用户在相应产品选择方面是否有着不同备注在讨论中。

(6)在讨论中,注意不同测试方法和对无偏爱响应的不同处理方法引起的结果差异。

12.2　扩展阅读

Angulo O, O'Mahony M (2005) The paired preference test and the no preference option: Was Odesky correct? Food Qual Prefer 16:425−434.

Cardello AV, Schutz HG (2006) Sensory science: measuring consumer acceptance. In: Hui YH (ed) Handbook of food science, technology and engineering. Taylor and Francis, Boca Raton, FL. vol 2, Chapter 56.

Lawless HT, Heymann H (2010) Sensory evaluation of foods, principles and practices, 2nded., Springer Science+Business, New York.

McDermott BJ (1990) Identifying consumers and consumer test subjects. Food Technol 44 (11):154−158.

Peryam DR, Girardot NF (1952) Advanced taste test method. Food Eng 24(58−61):194.

12.3　教学指导

12.3.1　实验成功的关键和注意事项

(1)这个手册中关于从系列产品中做出偏爱选择的例子很多。食品科学专业学生感兴趣的变量包括脂肪含量和钠含量等因素,或使用甜味剂与具有自然甜味的产品的区别。另一个感兴趣的变量为是否存在市场细分。例如,对不同果肉含量橙汁的强烈偏爱,还有对牛奶脂肪水平及一定脆度薯片(如"Kettle"薯片)的偏爱。市场细分可能会成为实验室内一个值得讨论的话题,以保证产品之间的区分性。

(2)另一个问题是要有足够的"*N*"来找出差异。显然,一个只有 20 名学生的实验班无法具备与包含 200 位筛选出来的用户群体一样的统计效力。如果每年的产品列表保持一致,可以将学生数据与往年的数据结合起来。或者,你可以复制给定年份的数据。如果是随机替换,则类似于辅助手段,是一个潜在的课堂讨论点。

(3)如果班级足够大,你可以要求学生对产品偏爱和使用频率进行交叉列表,因为在样品偏爱问卷底部有询问使用频率的问题。如果班级人数少于 20 人,那么这个数字可能太小,无法得出任何结论,除非有前一年的额外数据进行补充。应该强调,频率问卷是用于筛选目标消费者的常规程序之一。

12.3.2　实验设备

除了常规的厨房和实验室用品外,该练习不需要特殊的设备。

12.3.3　实验用品和产品

查看下面的产品建议。

需要杯子或盘子提供产品。

贴标签用材料(标签机或类似的无味的标记均可)。

餐巾、漱口杯、废液杯、无盐苏打饼干和漱口水。

需要准备一些清洁用品,便于清理溅洒样品及垃圾等。

样品要求/产品建议——按照 20 名学生计:

同一品牌或同一款式的低脂和全脂干酪各 0.5 kg。

脱脂和全脂牛乳各 1L。

同一品牌或同一款式的低脂和全脂酸乳各 1L。

低钠和普通蔬菜汁(混合蔬菜或番茄)各 1L。

替代品:普通和低钠零食,如薯片或相同品牌的玉米片或坚果(但要小心坚果过敏!)

12.3.4　实验准备

把干酪切成 0.5cm 的小块,放 3~4 块在贴有标签的品评杯中,或分区域摆放在贴有标签的在盘内,提供给每位学生。每份牛乳、酸乳和蔬菜汁约 20mL,放在 30mL 或更大的贴有标签的品评杯中。

提前准备好样品置于杯子里或托盘上。只要不存在食品安全问题或不使产品状态发生变化(如冰淇淋在常温下会融化),就在室温下提供给学生。使用三位随机编码标记所有样品,可以用纸质标签贴在杯子上。如果使用记号笔标记,确保记号笔无味。

12.4 附件:问卷

接受性测试

日期:_____

评价员编号:_____

用以下 1~9 标度给每个样品评分。

标度:		
	9	极其喜欢
	8	非常喜欢
	7	一般喜欢
	6	有点喜欢
	5	既不喜欢也不厌恶
	4	有点不喜欢
	3	一般不喜欢
	2	非常不喜欢
	1	极其不喜欢

产品:_____

样品编码:_____　　评分:_____

样品编码:_____　　评分:_____

产品:_____

样品编码:_____　　评分:_____

样品编码:_____　　评分:_____

产品:_____

样品编码:_____　　评分:_____

样品编码:_____　　评分:_____

产品:_____

样品编码:_____　　评分:_____

样品编码:_____　　评分:_____

偏爱测试——问卷示例

日期：_____

评价员编号：_____

产品_____

请品尝提供的两个产品，在问卷上圈出你更喜欢的产品编号。你也可以选择无偏爱选项。

产品_____　　　　产品_____　　　　无偏爱_____

偏爱的原因：_____

你消费该类产品的频率是？（从如下词组中选出最能描述你食用类似产品频率的选项）

_____每天 1 次或更多

_____并非每天食用但至少每周 1 次

_____并非每周食用但至少每月 1 次

_____低于每月 1 次

_____从来不吃该类产品

产品_____

品尝提供的两个产品，在问卷上圈出你更喜欢的产品编号。你也可以选择无偏爱选项。

产品_____　　　　产品_____　　　　无偏爱_____

偏爱的原因：_____

你消费该类产品的频率是？（从如下词组中选出最能描述你食用类似产品的频率的选项）

_____每天 1 次或更多

_____并非每天食用但至少每周 1 次

_____并非每周食用但至少每月 1 次

_____低于每月 1 次

_____从来不吃该类产品

产品_____

品尝提供的两个产品，在问卷上圈出你更喜欢的产品编号。你也可以选择无偏爱选项。

产品_____　　　　产品_____　　　　无偏爱_____

偏爱的原因：_____

你消费该类产品的频率是？（从如下词组中选出最能描述你食用类似产品的频率的选项）

_____每天 1 次或更多

_____并非每天食用但至少每周 1 次

_____并非每周食用但至少每月 1 次

_____低于每月 1 次

_____从来不吃该类产品

产品_____

品尝提供的两个产品,在问卷上圈出你更喜欢的产品编号。你也可以选择无偏爱选项。

产品_____   产品_____   无偏爱_____

偏爱的原因:_____

你消费该类产品的频率是?(从如下词组中选出最能描述你食用类似产品的频率的选项)

_____每天 1 次或更多

_____并非每天食用但至少每周 1 次

_____并非每周食用但至少每月 1 次

_____低于每月 1 次

_____从来不吃该类产品

自由混合法和JAR级别法的优化

13

13.1　学习指导

13.1.1　实验目的
- 熟悉优化调整方法和JAR[①]级别法。
- 引入享乐主义决策中语境效应的概念。
- 学习独立用台式调整优化产品的能力。

13.1.2　背景知识
　　许多单一或初级属性的成分在某一产品中都具有最佳水平,在该成分的某种浓度或含量水平上,消费者的可接受性达到最大化。一个很好的例子是甜度作为糖含量的函数。食品可能太甜、不够甜,或者刚刚好。食品开发人员需要关于该最佳水平的感官信息。

　　优化调整方法是一种从食物中添加或去除成分以使其符合标准或使其达到最佳口味的过程。这往往是通过在同质产品中添加简单的成分如添加糖或酸饮料来完成的。葡萄糖和/或酸的含量可以通过折射法、pH 和/或可滴定的酸度来测量。这种调整方法也被称为"混合法"。

　　调整方法的结果可能受到前后偏差的影响。添加成分的过程,实际上,就是向着期望的口感标准发展,给人一种比之前实际具有的最佳水平还要好的印象。评价是与先前较弱的品尝水平相比后形成的。类似地,当从更浓缩的起始点稀释时,因当前浓度似乎与初始浓度相当,所以配方师可能会被诱导而过早停止稀释。在 Lawless 和 Heymann（2010）著作的第 9 章可以找到调整方法的附加说明、用途和易犯的错。当调整适合自己的最佳口味时,配方师需要小心——"过早停止"是很有可能的,这种效应称作预期误差。

　　另一种优化的方法是 JAR 级别法。对于单个样本的甜味或酸味属性来说,用 JAR 级别法可以评定为太弱、太强,或者恰到好处。通常分布在级别中心的数据（即"恰到好处"点）表示成分的最佳水平。在这种方法中,检查原始数据的分布是很重要的。例如,一个消费者小组中可能有一部分人是喜欢几乎没有咸味的汤,而另一部分人是喜欢咸味很重的汤。

---

① 　JAR 原文为"just about right",中文直译为"刚好,刚刚好或恰到好处"。此处更适合用"JAR"表达。——译者注

如果汤中含有适量的盐,该小组可能会给出一个接近于"恰到好处"点的平均评级。然而,实际上没有原始数据会低于这一点!

JAR级别法也容易产生中心偏差。在一系列浓度下,中等浓度往往被评定在中点附近。因此,JAR级别法可能使人不知道真正的JAR点在哪里;JAR点在不同的测试范围水平内可能有偏差。估计真正最佳点的方法是使用两个或更多集中在不同水平的浓度范围。使用图解的方法,从每个系列中得到的JAR估计值中内插出真正的JAR点。

这个过程包括通过调整程序优化和JAR级别法程序优化。在调整程序中,我们将一种含有高浓度蔗糖的饮料添加到更低浓度蔗糖的饮料中,直到更低浓度蔗糖的饮料达到恰到好处的甜度水平(即优化)。我们还将稀释一种浓缩饮料,使用折射稀释法测量优化后饮料中蔗糖的最终水平。使用JAR级别法,可以评价一种蔗糖饮料的两个不同浓度系列的甜度水平。从这两个系列中获得的数据将被用来内插出一个真正的JAR点。

13.1.3 实验材料和步骤,第1部分:调整优化

13.1.3.1 材料

四杯含有蔗糖的固体饮料混合物,即有标签的和含有不同的糖度的饮料混合物如下:

三位数编码的200mL不加糖的固体饮料混合物;

三位数编码的200mL高糖固体饮料混合物;

"−−"表示300mL不加糖的固体饮料混合物;

"++"表示300mL高糖固体饮料混合物。

13.1.3.2 步骤

从任意三位数编码的两个杯子中的其中一个开始(听从指导教师)。

如果你认为这个样品很甜(根据你自己的口味喜好),可以从标签为"++"的杯子中加入少量的混合饮料,或者如果你认为这个样品微甜(根据你自己的口味喜好),可以从标签为"−−"的杯子中加入少量的混合饮料。定时在调整后的杯子中品尝饮料,直到你认为它的甜度达到最佳。

如果你觉得你加得太多,超过了最佳的甜度,你可以从"−−"杯或"++"杯中加入少量的饮料混合物,直到获得最佳的甜度。

一旦你优化了第一杯(任意编码)的甜度水平,就要重复品尝和调整另一杯任意编码的饮料。当完成两种混合饮料的优化时,把这两种优化产品交给助教,去测量每个杯子中的糖含量。助教将使用折射仪测量每个杯子中溶液的密度,或者可以向学生展示如何做到这一点。

13.1.4 实验材料和步骤,第2部分:JAR级别

13.1.4.1 材料

两个浓度系列的蔗糖固体饮料混合物,一个是稀释系列由20、50和80g/L蔗糖组成的,

另一个是浓缩系列由 80、120 和 160g/L 蔗糖组成的。

13.1.4.2　步骤

从助教那里得到 6 个固体饮料混合物的样品以及评分。样品采用任意三位数编码。按评分高低的顺序品尝样品,并采用 JAR 级别法评价每个样品的甜度水平。品尝后至少休息 3min 用数字,再对第三个样品进行评价。用数字 1~7 解析评分的数据,最左边的框("稍微甜")编码为 1,最右边的框("太甜")编码为 7。

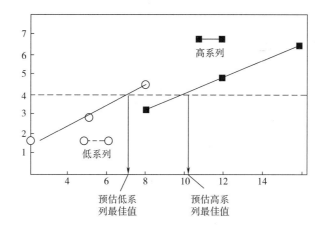

图 13.1　从高和低 JAR 系列发现以内插值替换的 JAR 估计值用于进一步分析的内插实例

使用课堂上给出的空白格,在两个浓度序列中,插入个人的 JAR 估计值。图 13.1 所示为如何从数据中插入这些点的示例。请将你的评分和个人 JAR 估计值做成表格交给指导教师。

13.1.5　数据分析

请注意这个实验室有两部分不同的数据:

调整方法。从折射仪读取的混合溶液的优化数据。一组数据是增加糖浓度进行优化,另一组降低糖浓度优化(以糖含量计)。

JAR 级别法。在课堂上,在 JAR=4 处通过插入高浓度和低浓度系列值,你会发现个人 JAR 值。每个系列中找到每个点的类平均值,较低系列(20、50 和 80g/L)和较高系列(80、120 和 160g/L)。

(1)通过调整优化,采用配对 t 检验比较增加浓度和降低浓度后的优化数据。

(2)通过 JAR 评定优化,对电子表格中的 JAR 数据进行 t 检验。

(3)在下一步骤中,使用内插的方法找到真正的 JAR 估计值。如果我们已经知道这个 JAR 真实值的话,使用内插法找到浓度系列中的 JAR 点将会在真正的 JAR 点中心处。因为这个系列应该是以 JAR 点为中心,与中心偏置是不相干的。我们使用 Johnson 和 Vickers 的图形化方法来"抵消"偏置效应。

步骤如下:将中点放在 x 轴上。画两条线:

a. 首先,反向画两个中点 (50g/L,50g/L)和(120g/L,120g/L)。把这两点连起来得到

一条 $y=x$ 的线。

b. 从低浓度系列(y 轴)到它的中点(x 轴)绘制你的 JAR 估计值,从高浓度系列(y 轴)到它的中点(x 轴)绘制 JAR 估计值。

c. 从两条线相交处向浓度轴画一条向下的线。就是"真正的 JAR"估计值,其中 JAR 点和中点应该在一个以真正 JAR 点为中心的平衡系列中。图 13.2 所示为这一情形的一个例子。

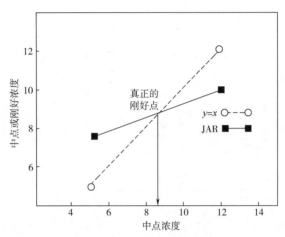

图 13.2　基于两个系列的类平均 JAR 估计值来确定真实的 JAR 点的插值方法

注:实心圆表示与自己绘制的级数的中点($y=x$)。黑色方格显示两个系列的平均 JAR 估计值与中点对应。内插点给出了真正 JAR 点,如果一个(假设的)系列是通过幸运的猜测以 JAR 点为中心得到的。中心偏置效应可从假设的中心序列中去除。

13.1.6　实验报告

结合你的结果和讨论(除非另有指示),使用标准的实验室报告格式。必须回答问题和展示你的图表和结果。

13.1.6.1　结果和讨论

(1)从增加浓度和降低浓度的调整方法中展示你的 t 检验结果。

回答以下问题:两个调整方向是否不同?如何?为什么认为发生这种情况?

(2)展示两个 JAR 系列的平均值和 t 检验结果。

回答以下问题:稀释系列和浓缩系列的两种方法是否不同?你认为为什么会发生这种情况?

(3)报告你的内插 JAR 点。

回答以下问题:如何比较来自 JAR 级别法得到证实的 JAR 与来自混合(优化)过程的两个值?附加所有计算,包括图表。

13.2 扩展阅读

Johnson J, Vickers Z (1987) Avoiding the centering bias or range effect when determining an optimum level of sweetness in lemonade. J Sens Stud 2:283-291.

Lawless HT, Heymann H (2010) Sensory evaluation of foods, principles and practices, 2nd ed., Springer Science+Business, New York.

Mattes RD, Lawless HT (1985) An adjustment error in optimization of taste intensity. Appetite 6:103-114.

Rothman L, Parker MJ (2009) Just-About-Right scales: design, usage, bene fi ts, and risks. ASTM Manual MNL63, ASTM International, Conshohocken, PA.

13.3 教学指导

13.3.1 实验成功的关键和注意事项

(1)任何三位数的任意编码可以被替换。如果需要,代码可以每年更改一次,以防止抄袭以前的实验报告记录。

(2)下文提到的数量是最小数量,实验时不要少于这个量。为了提高准确性,调整的杯子容量可以增加到 200mL,供应杯子为 300~400mL。一个普通男性的一口饮量约为 25mL,女性的一口饮量约为 15mL。

(3)以酷爱牌饮料(Kool-Aid)或其他固体饮料混合物为起始产品。谨防有些标记为"无糖"的产品,因为它们可能已经添加阿斯巴甜或其他高倍甜味剂。使用这样的产品是一个致命的错误。

(4)蔗糖溶液浓度是以质量浓度表示的,如 200g/L 蔗糖溶液表示 100mL 溶液中含有 20g 蔗糖。不要将 20g 蔗糖溶于 100mL 水中,而是将水慢慢加入 20g 蔗糖中并最终获得 100mL 的溶液。由于蔗糖的偏摩尔体积变化,水会随着蔗糖的加入而膨胀。

(5)根据课堂的大小,推荐更大的批次。

13.3.2 实验设备

手持式折光仪(2 个以上)和托盘。

13.3.3 实验用品

移液管、去离子水、未加甜味剂的固体饮料混合物、蔗糖(商品级)、餐巾、纸巾、杯子、冲洗水和溢出控制装置。读数之间用去离子水清洗折射计。

13.3.4 实验步骤和样品制备,第 1 部分:调整(混合)

通过调整进行优化,每个学生将收到四个样品,一个三位数编码的装有至少 100ml 无糖固体饮料的杯子,一个三位数编码的装有 200g/L 蔗糖溶液的杯子,一个较大的杯子含有至少 300mL 未加糖的固体饮料(无添加蔗糖)标记为"--",第二个较大的杯子含有至少 300mL 200g/L 蔗糖的饮料标记为"++"。

调整方法中的样品应放入大约 120mL 的杯子中,用于调整样品,大型(500mL 或更大)的杯子用于溶液的加入。

学生们在完成优化实验的时候,应该用自己姓名的首字母或一些独特的标识来标记他们的杯子。将样品交给指导教师用折射仪测定,或者指导学生自己读取数据。如果学生自己读取数据,需额外准备折光仪。如果有必要可以对助教进行培训。样品测量之间清洗折光仪的镜片是很关键的,为此在洗瓶中需要加入去离子水。额外的滴管可用于将样品液滴转移到镜片上。一次性滴管是比较有用的,如果重复使用,也需要在使用前进行清洗。

数据可以用白利度(°Bx)表示,如果已制作标准曲线,也可以用蔗糖浓度表示,然后制成表格。这些数据通常非常接近,以至于使用标准曲线几乎没有更好的作用,因此是可选的。列出"稀释"系列和"浓缩"系列样品的结果。学生们将被要求对课堂原始数据进行配对 t 检验。

13.3.5 实验步骤和样品制备,第 2 部分:JAR 级别法

每名学生将会收到 6 个三位数编码的固体饮料混合物样品,这些样品分为两个系列,一个是包含 20、50 和 80g/L 蔗糖的饮料组成的"稀释"系列,另一个是包含 80、120 和 160g/L 蔗糖的饮料组成的"浓缩"系列。

13.3.6 数据分析的注意事项

对于一些学生来说,这是一个中等难度的练习,因此你可以预测一些问题和需要回顾一下这个过程。为学生提供空白图表来制图和插值,类似于图 13.1 和图 13.2。

不是所有的学生都能够插入他们自己的 JAR 点。单个数据可能不会形成一条直线。在实验期间,允许可能无法填写数据或找到合理插值点的学生"通过眼睛观察"来记录数据。有些人根本不喜欢甜味,有些人觉得这个练习很难做到。

提供一个能够确定哪个杯子中的样品具有多少甜度的方法。让学生们解码量表:"稍微甜"=1、"恰到好处"=4、"太甜"=7,然后他们应该使用所提供的(空白)图表绘制每个系列的结果。让学生在这两个图中的数据上绘制一条线。在这个练习中,"通过眼睛观察"来记录数据是可以接受的。然后,他们必须从每一行插入"恰到好处"标度点所在的蔗糖浓度(例如图 13.1),每个系列都按此执行,并将学生们的结果整理列表。

13.4 附件:JAR 问卷和数据表

JAR 评级

按特定顺序品尝以下样品,并对其甜度评级。

901 号样品

☐ ☐ ☐ ☐ ☐ ☐ ☐

稍微甜   恰到好处   太甜

482 号样品

☐ ☐ ☐ ☐ ☐ ☐ ☐

稍微甜   恰到好处   太甜

733 号样品

☐ ☐ ☐ ☐ ☐ ☐ ☐

稍微甜   恰到好处   太甜

休息 3min 后继续下一系列样品。

629 号样品

☐ ☐ ☐ ☐ ☐ ☐ ☐

稍微甜   恰到好处   太甜

494 号样品

☐ ☐ ☐ ☐ ☐ ☐ ☐

稍微甜   恰到好处   太甜

135 号样品

☐ ☐ ☐ ☐ ☐ ☐ ☐

稍微甜   恰到好处   太甜

JAR 评级

按特定顺序品尝以下样品,并对其甜度评级。

733 号样品

☐　　☐　　☐　　☐　　☐　　☐　　☐

稍微甜　　　　　　　恰到好处　　　　　　　太甜

901 号样品

☐　　☐　　☐　　☐　　☐　　☐　　☐

稍微甜　　　　　　　恰到好处　　　　　　　太甜

482 号样品

☐　　☐　　☐　　☐　　☐　　☐　　☐

稍微甜　　　　　　　恰到好处　　　　　　　太甜

休息 3min 后继续下一系列样品。

135 号样品

☐　　☐　　☐　　☐　　☐　　☐　　☐

稍微甜　　　　　　　恰到好处　　　　　　　太甜

629 号样品

☐　　☐　　☐　　☐　　☐　　☐　　☐

稍微甜　　　　　　　恰到好处　　　　　　　太甜

494 号样品

☐　　☐　　☐　　☐　　☐　　☐　　☐

稍微甜　　　　　　　恰到好处　　　　　　　太甜

第Ⅲ部分
简要练习和小组项目

描述性分析小组训练 14

14.1 学习指导

14.1.1 实验目的
- 熟悉生成选票和收集描述性分析数据。
- 学习如何分析描述性分析平行数据。
- 通过报告和课堂演示来练习沟通技巧。

14.1.2 背景知识

在描述性分析方法中,小组成员单独工作,定量地描述特定产品或类别产品的一组感官属性的感知强度。感官属性由专家组在选票和训练步骤中进行选择和修改。一个关键的过程就是描述性感官评价词汇的选择,通常是通过感官评价词汇的集合过程实现的,在这个过程中,可能用来描述产品或产品类别的所有词汇将由一组专家或者训练者提供,再由小组组长收集,并按照一般类别(如外观、香气、味道、质地、口感和残差)整理列表。有关描述性分析技术的更多信息,参见 Lawless 和 Heymann(2010)著作第 10 章。

通过整理潜在的感官评价词汇表,将表中冗余、重叠、含糊不清和带有主观情感(如喜欢/不喜欢)的词汇删除或改进;具有复杂含义或组合性(如奶油状)的词汇在可能的情况下分解为更简单的词汇组合。此后,专家组再进行多次会议讨论,将表中的描述性词汇进行精简,直到专家组认可表中的每个词汇都充分恰当的描述该产品。在这个过程中,专家组必须选出代表选票高低强度两端的定位术语(例如,"无"或"一点也不_____"到"非常_____")。参考标准通常用于说明术语的含义,有时也用来说明小组成员的强度级别。专家小组成员可以通过为小组提供潜在的参考标准来参与讨论,也可以由小组组长提出建议,或参考关于感官术语和词典的文献。

投票结束后,专家组成员将接受描述分析实验的相关培训,同一专家组应对不同产品进行感官评价训练,以确保小组的每个成员都以相同的方式使用属性和比例。通过实际的培训可消除对描述性词汇定义和锚定词汇的误解,或在心理上颠倒尺度。在这个过程中,小组讨论之后,可以进一步细化选票和条款清单并检查统计结果。标准差能成为专家组协定数量的有用依据。评分通常按 15 分的分值类别进行评级或使用线性尺度打分。测量尺度代表强度的变化,没有任何情感。使用方差分析进行数据分析。计算每个属性和产品的均值、标准偏差和标准误差。如果来自方差的总产品 F 比率是显著的,需要进行计划比较,以确定平均值的差异。通常的平均值测试方法包括 Duncan 测试、Tukey's HSD 和最小显著性差异(LSD)测试。这些都是修改后的 t-检验,在进行许多测试时,这些版本都可以增强对 I 型错误保护。

一旦计算出描述性统计数据,通常绘制数据以便可以直观地比较平均值和感官特性之间的关系。用于描述性分析的常用图形是蛛网图(也称为雷达图或径向轴图),显示了从图形中心点辐射的轴上的几种产品的平均值。描述性分析中的每个轴(或半径或辐条)代表了一个属性。如果每个图中包含 5 到 8 个属性,那么给定单个产品的平均评分将由图中的简单多边形表示。然后可以通过在特定的图表上检查两个或更多个多边形的独立形状来形象地比较产品。

14.1.3 实验步骤

14.1.3.1 特殊任务和工作流程

(1)选择人员　如果有必要的话,招募 8 个以上成员($N \geqslant 8$)。

(2)决定产品类别建议　一个简单的系统,属性很少,在产品中有一些变化。

(3)检查以前的文献(*Journal of Food Science*、*Journal of Sensor* 等)条款。许多词汇已经被开发用于各种产品,这些可以是有用的起点。

(4)获取几个代表产品的样品 3~5 个。

(5)品尝每个产品后,进行小组讨论以产生选票。审查并重新排除冗余、模糊、带有的主观情感和复杂的词汇。

(6)准备实际的选票,包括尺度(定量)、属性词和强度词。在指导教师建议下回顾完成的选票情况。必要时进行修改。

(7)使用选票对类别中的 3~4 个盲号样品进行评价。这些样品应该至少包括一个不熟悉的产品,例如,在原始投票开发中看不到的品牌,但是来自同一类别。

(8)统计分析并准备一份报告。应该使用方差和适当的配对比较,如 Tukey 测试。

(9)提交整个组的一份书面报告。除非另有指示,否则应遵循目标、背景、方法、结果和讨论的一般格式。引用你使用的参考文献。

(10)可能需要对你的结果进行课堂演示。请咨询你的指导教师或课程网站。应该定期进行 15min 的演讲,包括背景、目标、词汇、方法、结果和结论/讨论。

14.1.3.2 附加说明

描述性词汇的产生:第一种产品被品尝后,学生将在一张白纸上写下他们个人感受到的所有感官特性。应使用感觉的类别,如外观、气味、口感/质构和残留感觉来建立词汇表和最后的选票。

小组组长将在小组讨论中收集小组的所有词汇。小组讨论将被用来消除多余、含糊、复杂或带有主观情感的词汇。品尝第二个产品,重复上述练习。词汇列表可以根据从第二产品收集的信息进一步扩展或缩小。另外,通过对一系列产品进行抽样,专家组可以开始了解每个标尺应该使用什么样的定位术语,以及是否需要物理参考材料来阐明特定词汇的含义。上述练习可能会重复使用第三或第四种产品,以进一步反映选票上的项目清单。

注:必须使用同一群人进行词汇开发和评价。应该至少有两个会议,一个用于词汇开发,一个用于正式评价。

描述性测试:在你的选票得到指导教师或助教的批准后,可以开始正式的描述性分析。选择你设计选票的同一类别的 3~4 种产品。其中至少有一项应该是专家组在培训阶段没有看到的新内容。

收集数据并进行适当的统计分析。这通常涉及诸如方差分析和平均值之间的计划比较,如 LSD 测试。一定要做出图表或其他手段显示出数据的离散程度,如标准误差。结果应该集中在统计显著性差异上,不要浪费大量的时间在不显著的属性上。

如有需要,准备一份报告和一份课堂演示。咨询指导教师或查询课程网站,看是否有特定的格式要求。如果需要进行演讲,在 20min 的时间内,应该探讨你对产品和投票/词汇表的建立和选择, 报告结果,并讨论任何相关的意义。

你可能希望使用分工来进行这个项目。一个或多个人可以被指派担任独立的任务,如文献检索、获得产品、建立样本、优化和打印选票、数据统计分析、撰写报告及课堂汇报。

14.1.4　绘图说明

这里是使用 Excel 绘制雷达图的具体说明。

为了得到最清晰的图表,合理地安排属性,使高度相关属性彼此相邻是一个很好的方法。一个简单的方法就是查看主成分分析(PCA)的结果(如果有的话)。通过按属性顺时针或逆时针方向的方法,相关的属性将是相邻的,并且在雷达图中,不会出现很多的交叉线。这将使多边形的形状更容易被看到差异。

下面的数据来自加州大学戴维斯分校的一个葡萄酒实验室。可以将这些数据复制到自己的 Excel 文件中,如果你的指导教师或课程网站没有提供,请手动输入。

使用雷达图。以下使用 Excel 2003,如果你有更新版本的 Excel 或正在使用 Mac,则这些选项可能需要更改(表 14.1)。

表 14.1　　　　　　　　　　　　用于构建雷达图的样本数据

葡萄酒品种	苹果味	花香味	咸味	甜味	甜瓜味	香草味	热带水果味	菠萝味	黏度
霞多丽酒	1.4	2.9	4.5	3.5	2.6	4	4.4	3.9	5
雷司令白葡萄酒	3.2	6	1.7	4.2	3.5	1.5	3.6	4.1	3.3
灰皮诺白葡萄酒	3.9	4.4	3.5	2.3	2.7	2.2	3.1	3	4.2
沙多内尔白葡萄酒	3.6	4.2	1.6	2.7	3.8	1.9	4	3.9	4.1
阿内斯白葡萄酒	3	2.4	1.8	2	2.8	1.4	2.6	2.6	3.8
LSD	1.5	1.4	1.6	1.3	—	2.1	—	—	0.9

如 Excel 表中所示输入的数据,或从课程网站下载(如果可用);

突出显示葡萄酒黏度列和葡萄酒酸度行;

现在点击插入→图表→雷达;

选择位于最左侧块的子图的样式;

点击下一步,确保该系列在对应表格的行中;

点击下一步,标记图表;

点击下一步,把图表放在一张新工作表中并命名;

点击完成。

这个版本的图如图 14.1 所示。

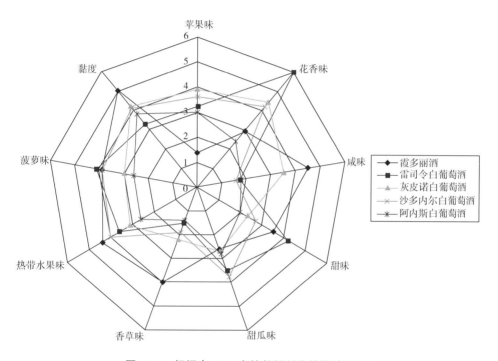

图 14.1　根据表 14.1 中的数据制作的雷达图(1)

点击不同的线条,轴线和图例,可以进一步改善图形的格式。

可以清除网格线,并通过更改线条的样式和粗细来规范数据序列。然后通过使字体变大并使用加粗来规范类别标签。图例框可能会移动并变大一些。

这个版本的图如图 14.2 所示。

14.2　扩展阅读

Lawless HT,Heymann H (2010) Sensory evaluation of foods, principles and practices, 2nd ed., Springer Science + Business,New York.

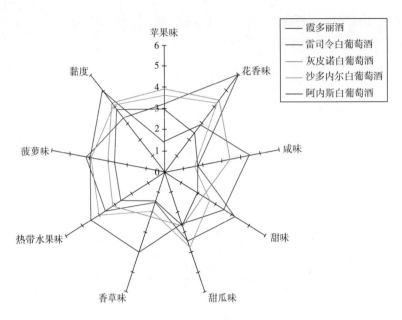

图 14.2　根据表 14.1 中的数据制作的雷达图(2)

注:有一些选项可提高易读性。

Lawless HT, Torres V, Figueroa E (1993) Sensory evaluation of hearts of palm. J Food Sci 58:134-137.

Meilgaard M, Civille GV, Carr BT (2006) Sensory evaluation techniques, 4th edn. CRC Press, Boca Raton, FL.

Stone H, Sidel J, Oliver S, Woolsey A, Singleton RC (1974) Sensory evaluation by quantitativedescriptive analysis. Food Technol 28:24-29, 32, 34.

14.3　教学指导

14.3.1　实验成功的关键和注意事项

(1)以评价小组的小组长的身份参与整个班级的词汇讨论会议是非常有用的。选择一个简单的产品,如苹果或葡萄汁,可进行 2~3 个样品的描述性词汇生成会议。如果资源允许,模拟选票可以在随后的一周用来说明实际的评价会议。

(2)应该选择简单的产品　评价诸如巧克力或可乐饮料等复杂产品通常是不好的选择。这将导致许多长时间的选票没有显著性差异。学生们可能希望评价一些技术上有意义的差异,如低脂和低钠的产品。兴趣的变量可以为学生提供额外的动机。

注:是否允许学生为他们的产品选择一种酒精饮料可能会带来一些挑战。酒精饮料可能是个问题,除非该课是在酿酒学环境下专门教授的。这样的产品需要合法化,只能由法定年龄组成员在监督下进行,强调品尝后吐掉口中的葡萄酒样品,正确的品尝方法和负责任的专业态度。

（3）如果有 Compusense 或 FIZZ 等感官软件系统,则可以对学生进行培训,以使用该系统输入他们的选票和实际评价结果。该系统还可以提供统计分析,教师应该判断这是否是一个可提高效率的软件,或者让学生使用其他统计软件或"手工"来进行方差分析更有用。

（4）该项目非常适合让学生在班上呈现成绩。根据课程的大小,这可能需要整个实验期或更长的时间。它提供了一个演示和口头沟通技巧的机会。许多学生已经有一些 PowerPoint 或其他演示软件的经验。

（5）和在任何团体中一样,有些学生会比别人做更多的事。小组成绩(所有学生一律平等)的分配有时会引起一些学生对贡献不平等的抱怨,特别是如果其中有个别学生闲散,没有什么贡献。处理这些问题会积累有价值的经验。有一种方法是让学生评估彼此的贡献或给出部分成绩(匿名)。

（6）评价项目可以在课堂时间中开展,学生也可以在课外完成。如果需要使用相关的感官测试设施,则学生需预约并安排不同时间使用。警惕那些想将会议地点设在宿舍或相关区域的学生。如果在感官实验室或教室之外进行工作,则应要求学生提交他们选票开发会议和评价过程的照片,以确保他们以专业的态度执行正确的程序。

（7）招募人员支撑专家组人员的规模将面临一个挑战。一种选择是让学生参加不止一个小组,一个作为工作人员,另一个只是作为小组成员。另一个选择是从其他没有参加这个班的该专业的学生中招募,但是他们可能对这个感官检测感兴趣。一个常见的错误的捷径是让学生使用他们的小组成员进行术语生成,然后在实际的产品测试阶段招募其他人。这种做法是不可取的(两个阶段使用相同的小组成员)。

（8）往期的报告可以保留作为例证,删除姓名,作为好/差的报告的例子。这对确定你的期望很有帮助,因为这种项目很复杂,对学生来说可能是全新的。建议报告采用科学期刊格式。一个简单的例子可以在参考文献中找到。

（9）时间管理　正如在任何扩展项目中,应该提示学生所需的时间。为了避免在报告截止日期前临时拖延和出现危机,词汇生成和选票开发阶段可能需要进行一个进度报告,以确保在截止日期之前不会无人看管。

14.3.2　评价课堂演示的建议

课堂演示应由至少三名评价员评分,评价员应给予一个有着固定的评价标准。评判标准应该提前提供给学生。让另一位教师、高级感官实验员或上一级的研究生来参加演讲,提出问题并作为评价者提出几点,如 1~4 点,可以用于如下类别:

简介:他们是否有理由选择产品? 他们讨论过以前的文献吗?

方法:他们是否描述了他们的方法,包括选票开发过程和词汇选择? 任何困难或有问题的词汇? 他们是否展示了投票表或词汇表和锚定词? 是否有具体的指示,如产品应该如何尝、嗅、看等?

结果:他们是专注于描述产品差异还是只是汇报统计数据? 他们有没有浪费时间在非显著性差异上?

图形和视觉效果:数据是否用径向图或条形图或类似方式进行了适当的说明? 幻灯片

是否清晰,字体大小合适,架构合理?

讨论:他们是否讨论超出统计的结果?

问答:他们是否合理地回答问题?他们是否能够以"我不知道"或"我不知道,但我会找到答案并回复你"的方式来回答,或有没有企图掩盖他们不知道的事情?

总结:有没有好的组织?他们准时开始并完成了吗?他们带来了产品的例子来展示吗?或者带来了包装产品的图片吗?

简要练习

15.1 简要练习

15.1.1 简要练习1:肉类鉴别测试程序

15.1.1.1 实验目的

- 开发一种针对不同产品的测试程序。
- 学习指定感官测试的细节。
- 介绍三点检验的难点。

15.1.1.2 背景知识

感官评价的两个重点是盲测报告及收集独立判断的原则。除了这些问题之外,感官测试程序还有许多其他细节,必须在执行有效的和可重复的感官评价时加以注意,其中的许多细节在 Lawless 和 Heymann(2010)著作第 3 章中均有陈述。多年来,ASTM 委员会 E18 和食品技术学会已经出版了许多其他指南,其中详细说明了发表的论文中必须包括使用感官测试的方法。许多食品和消费品公司都有标准操作规程(SOP 说明书)的书籍,书中详细描述了在实验室或公司中操作的程序。

可分为四个类别:

第一类关注的是测试者。即谁将参加测试? 他们是否具有资格? 如何发现、招募、筛选、培训或定向? 是否有将其排除的原因?

第二类关注的是样本。如何获得或制备样本? 样本的具体形状或组成? 在未使用前,如何准备、处理、提交和处置未使用样本? 样本量、体积、上样温度和盲测时的编码的细节是什么?

第三类是关于产品本身的。产品信息应该详细,即使没有经过感官测试培训的人也可以准确地了解。另外,应该说明参与者需要什么样的反应,如何投票或制作问卷,以及该方法是标准程序还是文献中提到的其他常用方法(如三点检验)。其中一个关键的问题是样品的展示顺序,顺序是随机的还是平衡的,可以指定标准设计,如拉丁方设计或威廉姆斯设计。还应该考虑复制问题。

向专门的评价员提供有关品尝方法的特殊指示,以及在品尝样品间隙时是漱口还是强制使用提供的口腔清洁剂。在某些类型的研究中,有必要控制品尝样品的速度(例如,在热或辛辣食物的研究中常常存在延滞效应,或者某些口味可能会持续一段时间)。

第四类是关于数据处理和统计分析。如何对这些响应进行分析以检验统计显著性?什么是无效和替代假设以及显著性概率值?如果数据有显著差异,应该怎样分析?如果无显著差异,应采取什么措施?

其他细节可能包括设备和供应,原材料的来源,准备过程中使用的水的类型等问题。如果使用感官测试的软件系统,应说明软件系统和版本号。除非是标准实验室培训部分,否则应详细说明安全预防措施(手套、发网、实验服、防火和泄漏控制等)。最后,应阐明保护人的主体和保密性的机构审查,或免于审查委员会(IRB)审查的理由。

15.1.1.3 教学指导

由3~4个人组成的小组来讨论下面的场景,并准备一个简短的实验报告(单独提交)。报告应该尽可能详细地说明测试程序。

情景:猪肩肉产品的制造商,他们的销售稳定,针对其高脂肪、高盐的产品,厂商希望推出低脂和低钠的产品。消费者通常把猪肉切成条状经油炸后食用。

15.1.1.4 实验报告

本报告不是实验的标准格式,只涉及方法。设计三点检验,可确定低脂和全脂产品之间是否存在差异,可及低钠和标准盐产品之间是否存在差异。一个三点检验由三个产品组成,一对是重复的,另一个是不同的样品,测试者需选择两个不同的样品。每个学生都应该提交一份单独的报告,并具体说明以下过程:参与者、样本、程序、数据处理和分析等细节。

在以下假设下进行:

(1)不使用计算机化的数据收集系统(纸质选票或问卷调查)。

(2)向另一个地点的技术人员提供详细的说明;该人员即为实际进行测试的技术人员。

(3)技术员是化学专业,最近刚毕业,没有感官测试经验的人员。

尽可能详细和明确地列出所有对监控和控制都很重要的实验细节,同时也要具体说明产品在测试中是如何准备和展示的。假设此次编写的程序将作为标准操作程序(SOP)输入到实验室操作手册中。当对这种类型的猪肩肉产品进行三点检验时,其他人会遵循这些指示,并考虑是否需要特殊照明来掩盖视觉差异。

报告应包括以下内容和其他重要细节:

样品编码和标签;

演示顺序(如何确定);

食物样本量和上样温度;

烹饪方法;

处理方法(包括使用的任何服务材料/器具);

选票/问卷形式(包括给评价员的特殊要求;是否允许反复品尝样品?);

品尝样品之间的时间和其他可能重要的时间点；

数据表格的方法；

测试房间的条件、照明,空气处理；

评价员筛选方法:评价员都有谁？如何招募？是否有人排除在外？

评价员参与的动机(诱因是什么?)；

专家和技术人员的安全考虑,厨房和食物的处理问题。

Lawless 和 Heymann（2010）著作第 3 章中具体说明了一些程序上的细节,第 4 章讨论鉴别测试的基础知识,如三点检验。

15.1.2　简要练习2:概率和虚假设

15.1.2.1　实验目的

- 探索随机概率的概念、虚假设和选择行为中的概率值。

15.1.2.2　背景知识

几乎所有的统计测试都是从一个假设开始的,即在实验中发生的是偶然性的变化。我们经常用预知某种效果(也许是感官上的)的产品进行处理或加以改变来设计实验,这似乎不切实际,但这就是科学实验的工作方式。因此,我们首先假设该处理没有效果,任何体现的数据都表明了不同于预期的结果只是一个随机事件。当在这个假设下出现不太可能出现的数据(被称为虚假设),则否定这个假设,并得出治疗确实有效果的结论,也就是说产品以某种系统性的方式发生了变化。

本实验室将探索随机事件在超感官知觉(ESP)的简要实验中产生的影响。使用由心理学家 J. B. Rhine 发明的一种著名的纸牌（称为 Rhine 纸牌),这些纸牌身上有 5 个符号,需要你猜出你的搭档在看哪个符号。如果你猜中的次数明显多于随机事件,则倾向于认为有超感官知觉!

因为有 5 个符号,所以预计猜中的概率是1/5。在 25 张牌中,期望能猜中 5 张。但是,由于是随机事件,所以有些人会做得好于平均(有些人可能会更糟)。二项分布描述了随机事件的分布(正确或不正确的选择)。二项式展开显示在[额外的学分选项下(15.2)],如何计算不同结果的精确概率,二项式的正态分布近似也有一个简单的 z 分数公式[见(15.1)]。

若你的表现仅达预期的 5% 或更少,从科学的角度,我们将认为这个事件可能不会发生,这存在些不可思议的因素。也许你想知道如果在课堂上对每个人进行测试,会得到多少次这样的结果？你将如何适应你比其他人表现更好这个事实呢？

15.1.2.3　教学指导

两个学生组成一对,若是独自一人,请一个助教来做搭档。一个学生作为发牌者,另一个作为收牌者,发牌者来洗牌,而收牌者应该持有显示 5 个选项的索引卡(方、圆、十字、星、波浪线)。发牌者应将牌面朝下放在桌上,并举起第一张卡,这样收牌者就看不到了。发牌者可以在他(或她)想要的情况下盯着卡片,但是如果发牌者戴着眼镜,需要小心不要让收牌者通过镜片反射看到牌。等待 5s 后,收牌者应该猜测显示哪个符号。发牌者应该记录答案是否正确。在卡组尾部记录正确的总数,并提供总数。然后发牌者和收牌者应该调换位置并重复该过程,并通过电子邮件发送班级数据。

15. 1. 2. 4　实验报告

这份报告没有具体的格式。请回答下列问题:

(1)在 25 个数字中,有多少是随机的? 25 个数字中,有多少会在 5%或更少的时间内发生? 对于这个,你可以用二项式近似来表示正态分布 z 分数:

$$z = \frac{\left[\left(\frac{X}{N}\right) - p\right] - \frac{1}{2N}}{\sqrt{\frac{pq}{N}}} \tag{15.1}$$

其中,z 是正态分布尾部的截止值,表示仅有 5%时间 = 1. 645,$N = 25$,$p = 1/5$,$q = 1 - p = 4/5$,并且观察到的比例 = $X/25$,其中 x 是满足该等式的数字。换句话说,要得出观察到的比例($X/25$),它会给你一个 1. 645 的 z 值。显示出你的计算结果。

(2)有人在课堂上达到这个水平吗? 有多少次,期望在这样规模的班级里有 5%的成员达到的成绩。

(3)是否有任何证据表明,ESP 是来自其中任何一个成员?

(4)是否有证据表明 ESP 来自整个班级?

(5)一个概率为 1/5 的测试的虚假设是什么?

(6)备择假设是什么?

额外的学分练习(可选):使用二项扩展,显示在上面找到的正确数字的概率。展示计算结果。对于发生在 N 次事件中的事件 X 的概率,概率是由以下表达式给出的(记住求和):

$$p(X) = \frac{N!}{X! (N - X)!} p^X (1 - p)^{N-X} \tag{15.2}$$

15. 1. 3　简要练习 3:军事野战口粮的消费者问卷

15. 1. 3. 1　实验目的

- 开发一份适合于消费者现场测试的问卷。
- 介绍特殊情况下的特殊食品专题。

15. 1. 3. 2　背景知识

食品技术在特殊目的食品的开发中起着重要的作用。典型例子就是作为保健食品、救灾食品、军用物资,或者是用于特殊情况下(如,在太空飞行)的食品。这项练习涉及一个野外测试,这个测试是为士兵在巡逻或不能用现场厨房准备正常膳食时使用的。这种食品被称为军用份饭,是一种即食食品(MRE)。MRE 在美国军队中发挥着主要的作用,历时已有约 25 年的时间,在此期间,MRE 经历了许多变化和技术进步。该配方的目的是提供约 5442J 的热量,其中大部分来自碳水化合物,用于身体和精神方面的消耗。通常情况下,MRE 会包含主菜、淀粉或蔬菜、零食、甜点和饮料,也有调味品和加热装置。

注:在今天的练习中,你们将分别获得 MRE 来准备和抽样,并填写问卷草案。加热元件可能释放出氢气,产品必须在户外做好准备,加水后不要在加热袋附近吸烟或放置任何类型的火焰。严格按照指示进行。

准备工作:50~1000mL 的水用于准备饮料和激活加热装置(注:弃去使用后的水)。一些最新版本的 MRE 包含一个用来激活加热元件的水包,"一块石头或其他东西"用来支撑倾斜的加热袋。

15.1.3.3 简介

(1)两个学生组成一对。每两个人都有一个 MRE。准备并取样 MRE。仔细阅读所有的说明和包装。

(2)制定一份调查问卷,使用 Lawless 和 Heymann(2010)著作第 15 章的原则。问卷应该是一种比较两种产品在单向顺序中的定点调查,调查应该解决以下所有问题:

a. 主菜的可接受性(所加热的主菜)。

b. 膳食的总体感官接受度。

c. 对膳食总体满意。

d. 易于使用和准备。

15.1.3.4 实验报告

本实验不需要标准实验室格式。提交完成的问卷。打印的问卷包含测试人员和/或消费者必需的所有说明。

额外学分(可选):设计并描述在严酷条件下进行问卷调查的方法(夏季沙漠或冬季山地实地练习)。设计的测试方法应该使人们能够在不理想的情况下完成问卷调查(如试图防止冻僵乃至死亡)。具有足够的预算来开发用于此数据收集的设备、技术或机制。如果需要修改课堂问卷,请说清楚需要更改的内容。用一页纸描述自己的具体发明。

15.1.4 简要练习 4:保质期估算

15.1.4.1 实验目的

- 熟悉保质期测量和稳定性测试方法。
- 了解一些处理与时间相关的数据的方法。

15.1.4.2 背景知识

保质期或稳定性测试是许多食品质量维护的重要组成部分。它是包装研究的固有部分,因为食品包装的主要功能之一是保持食品在结构、化学、微生物和感官特性方面的完整性。在 Robertson（2006）的包装书籍中可以找到关于保质期的具体内容,书中提供了关于建模和加速存储测试的信息。在 Lawless 和 Heymann（2010）著作第 17 章中可以找到关于保质期测试的简短总结。对于许多食品而言,食品的微生物完整性决定了其保质期,这可以用标准的实验室做法来估算,不需要感官数据。食物的感官特性是决定食物不受微生物变化影响（保质期）的因素,如烘焙食品。食品感官测试几乎都是破坏性实验,所以必须储存足够的样品,特别是在产品可能会变质的时期。

保质期测试根据程序的目标和可用的资源,可以采用三种主要的感官测试方法中的任何一种,即辨别、描述性测试或情感测试。因此,人们不把保质期测试看作是感官测试的一种特殊类别,而仅仅是作为一种使用公认的方法进行重复测试的程序。

两个主要的标准用于判断产品失效,一种是临界点,另一种是用风险函数或生存分析等方程进行统计建模。产品失效是一种全有或全无的现象,而感官上的下降,如可接受性下降或消费者拒绝的百分比增加在本质上是连续的。这为其他类型的模型提供了机会,例如时间对与消费者拒绝比例关系模型的逻辑回归。在这个练习中,查看拒绝的比例,并应用概率以及算术和对数的两个时间尺度来绘制。可以使用描述性分析面板和/或用仪器来测量纹理和风味变化,以确定可选的截止点。但是,在一项单独的研究中,应该对消费者接受信息进行描述性的面板数据校准,以确定变化的关键程度。

故障事件并不总是呈正态分布。有时,样本集中的少数产品相对于平均故障时间会持续很长时间（如灯泡）。因此,故障分布通常呈正态分布或对数正态分布。由于这个原因,通常将保质期作为时间对数的函数进行建模,而不是简单地作为时间的函数[对食品来说通常用"天（d）"表示]。因为实验室有二项的数据（失效或者未失效）,logistic 回归分析是最合适的选择。logistic 分布类似于正态分布,但在尾部稍微"重一些"。

15.1.4.3 实验步骤

有各种各样的香蕉图片,根据以下选项来判断:OK 表示我可能会吃这个水果。X 表示可能不吃这个水果。

15.1.4.4 分析

指导者对拒绝的百分比进行制表,并提供类似数据。有两种方法可以得到对保质期的估计:

（1）在概率坐标纸上绘制拒绝时间的比例,在对数概率纸上绘制对数时间的比例。展示绘制的图形。

（2）根据时间和对数时间匹配 logistic 回归方程。并利用回归方程进行插值并找到 50% 的失败时间。

logistic 回归方程采用了以下形式:

$$\ln\left(\frac{p}{1-p}\right) = b_0 + b_1 X \tag{15.3}$$

其中,p 是拒绝的比例,X 是时间(天数)或者是时间的对数

若得到斜率和截距估计值(b_0 和 b_1),则在 $p = 0.50$ 时求解 X。

将 50%的时间点作为对保质期的估计。

15.1.4.5 实验报告

回答下列问题:

(1)50%的点是一个好的衡量标准吗?为什么或者为什么不是?

(2)还有哪些其他数学函数适用于生存分析数据?

(3)线性或对数图能够得到一条更好的直线?

(4)什么是"浴缸"函数以及它描述的是什么?

提交图表、50%估计值,以及这四个问题的答案。

15.2 扩展阅读

Hough G (2010) Sensory shelf life estimation of food products. CRC. Press, Boca Raton,FL.

Hough G, Langohr K, Gomez G, Curia A, (2008) Survival analysis applied to sensory shelf life of foods. J. Food Sci. , 68:359-362.

Lawless HT, Heymann H (2010) Sensory evaluation of foods,principles and practicse, 2nd ed. , Springer Science+Business, New York.

Robertson GL (2006) Food packaging, principles and practice, 2nd edn. CRC. Press, Boca Raton, FL.

15.3 教学指导

15.3.1 简要练习1:开发肉类鉴别测试方法

15.3.1.1 实验成功的关键和注意事项

(1)指导教师或助教应在上课前准备一些产品,以直观地说明产品是如何烹饪的。

(2)从历史上来看,这个练习使用了 Hormel 产品、午餐肉(Spam ®)作为测试项目。目前,该产品在低脂、低钠的版本以及传统的配方中都有。也可以用其他产品替换,如果大量学生因宗教或其他原因认为猪肉令人反感,则应考虑其他产品。学生们不需要消费任何产品,可以选择是否品尝。

(3)由于动物与动物之间的差异(通过使用粉碎的肉类产品可以在某种程度上消除这一差异),肉类产品较难处理,保持烹饪温度和保温时间一致比较困难。用肉类温度计来测定肉内部温度是否一致、烹调时间是否足够是不现实的,因此,选择烹饪温度需要热电偶或特殊的热电偶。

(4)假设学生们理解了鉴别测试的基础知识,三点检验程序以及相关的统计数据。

(5)其他材料　如果指导教师能提供额外的材料,这个实验可以很有趣。Hormel 网站上有关于罐头午餐肉的历史信息。此外,英国还出现了一种罐头午餐肉食谱,这个食谱起源于英国在战时使用的罐头午餐肉,是战后人们出于对菜肴的怀旧情怀而开发的。美国夏威夷州是最大的消费市场(每个州的人均消费量),午餐肉比萨非常常见。有些网站上刊登了关于午餐肉的诗词,甚至麻省理工学院的网站上就有超过 19000 首。电视节目中的一个喜剧节目"Monty Python"就以午餐肉为特色。

(6)网络资源

a.　http://mit.edu/jync/www/spam/archive.html

b.　http://en.wikipedia.org/wiki/Spam_Monty_Python

c.　http://www.hormel.com

15.3.1.2　实验设备

电炒锅。另一种选择是单独的丙烷燃烧器、不粘锅或煎锅,需要砧板和刀。如果有需要,需说明用于均匀切片的特殊切片装置。

15.3.1.3　实验用品

可选择午餐肉、低脂午餐肉或者低盐午餐肉。

植物油、食品处理手套、发网、纸或塑料盘子。

水、溢出控制装置、餐巾、吐水杯、塑料叉子等。

15.3.1.4　评分建议

根据学生测试的完整性和细节,以及选择的方法的合理性来进行评分。由于是小组一起实验,在实验过程中学生得出的结果可能大致相同,除非指导教师为单个小组的报告指定小组分数,否则学生应提交各自的实验报告。由于在实验室期间是以小组合作的方式进行的,在提交的报告中可能会存在共同写作和剽窃的特殊情况(可能性),因此应明确阐明个人预期的工作。

15.3.2　简要练习 2:概率和虚假设

15.3.2.1　实验成功的关键和注意事项

(1)这个实验的设计目的是展示选择测试中偶然性能水平的变化。使用 ESP 考试仅仅是为了让学生对练习产生一定的兴趣。

(2)图 15.1 所示为这些卡片的样品,公共的索引卡即可。

(3)学生应该意识到,如果班上有 25 个或更多的学生,那么他们中的一个或多个人可能会在 $\alpha = 0.05$ 的水平上获得高于偶然的表现水平。

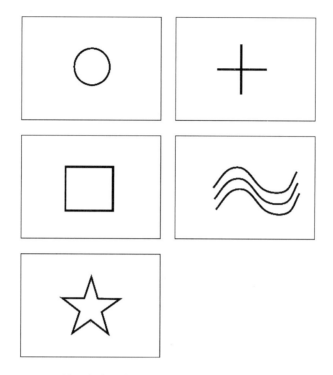

图 15.1 J. B. Rhine 使用卡片组来研究心理学的例子(最初是由 Karl Zener 设计的)

(4)虚假设代表人口比例的正确率为 1/5,另一种假设是人口比例正确率大于 1/5。因此,正如常见的鉴别测试一样,测试是单尾的,因此 z 分数截止值是 1.645,而不是 1.96。因"人口比例"有时由字母"p"代表,而机会概率水平也是如此,所以会产生混淆。

(5)这是强化这种观点的机会,即"虚假设"不是"没有区别的",也不是"结果是偶然的"或其他类似的文字的陈述。虚假设是一个数学等式,而不是一个种文字表达,另一种假设是数学不等式。

15.3.2.2 实验设备

无。

15.3.2.3 实验用品

卡片组,每两个学生一组。Zener 和 Rhine 使用的卡片组如图 15.1 所示。

用一个表格来显示每个学生正确猜测的数量。

15.3.3 简要练习 3:军事野战口粮的消费者问卷

15.3.3.1 实验成功的关键和注意事项

(1)MRE 可以从户外运动用品商店或生存主义邮购供应商购得。这些组件在形式上是相同的,但也要仔细阅读产品说明。它们可能在辣酱等调味品上有所不同,且外部包装很可能是薄纸。重要的是要订购带有加热元件的餐食(加热元件可能包括在内)。MRE 通常是有不同主菜的混合搭配,因此应鼓励学生比较不同包装里的食物。

(2)因一些加热元件会释放出一些气体(如氢气),所以这些食物应该在户外进行准备,这是一个观察学生在课堂之外表现和行为的机会。

(3)如果室外的准备工作遇到恶劣的天气(寒冷、雨、雪),那么这种选择性的练习将会更有意义,这类实验练习通常在 11 月下旬在康奈尔大学进行,有时这里会下雪。该实验最初的灵感来自 1979 年 1 月在内华达山脉进行的美国海军陆战队山地作战训练,当时,食品技术人员被要求穿雪鞋跟随海军陆战队几天,并在低于零度条件下收集调查问卷。这项可选练习来自那项研究的不同困难情况。课堂讨论可在食物准备好后在室内进行,如有必要,也可进行取样。

(4)许多调查问卷在内容和格式上会出现相似的情况。学生应该认识到这是独立工作,除非是集体练习。

(5)该实验突出食品技术的重要性:①包装材料的重要性;②延长保质期和产品稳定性的重要性。

(6)警告学生们共享勺子或从公共容器中取样所涉及的微生物问题。

(7)因可能产生大量的包装垃圾,所以应提供垃圾袋和垃圾桶,以便进行区域清理。

15.3.3.2   实验设备
无。

15.3.3.3   实验用品
MRE(军用份饭,即食),每两个学生一份。

即使最新的版本已经包含了水包,也可能需要额外的水来激活加热元件。

打开包装需要额外的勺子、样品杯、剪刀或刀。

15.3.3.4   评分建议
问卷应该是完整的,易于阅读。由于许多学生制作出的问卷非常相似,所以很难评估这一工作是否是个人的努力,最好的办法是让学生们分组或配对,也有些学生在小组任务中的贡献最大。

15.3.4   简要练习 4:保质期估算

15.3.4.1   实验成功的关键和注意事项
(1)设置视觉测试的练习,不需品尝。如果教师想跟踪风味变化,则可选择品尝。具体参考 Hough(2010),该文献全面阐述了对感官保质期的测试和建模。

(2)产品   香蕉是最方便用于对保质期进行视觉测试的产品,因消费者是用眼睛来判断购物的,所以不需让消费者真正吃这个产品。通常把香蕉分开并放置在室温下,分别在

0、2、5、8、10、12 和 15 进行拍摄。根据水果所处不同环境下腐败的速度,可以使用其他时间间隔。然后,把这些照片放在幻灯片或其他类似的程序中,用于随机化刺激顺序,并将其标记为三位数编码。然后用文件显示给学生他们自己的判断结果。香蕉可以重复显示,也可以简单地旋转同一种水果的方向,显示不同的代码两次。用统计学的方法处理重复数据不是必要的,但可以计算平均值给出每个时间点香蕉被拒绝的总体比例。学生应该计算每次的 $p,1-p,p/(1-p)$ 和 $\ln[p/(1-p)]$ 值,可通过 Excel 表格来完成。将最后一个值与时间和对数时间作图,并用最小二乘法进行拟合,得到拟合 logistic("logit")函数。

(3)概率坐标纸   在 y 轴上,在预先打印的概率坐标纸和对数概率纸上标记出相同的标准差单位。概率坐标纸可以在任何大学书店、统计或工程部门找到,也可以从网上下载(注:它们应该是适合于正态分布)。拟合线中的曲率(时间,而不是对数时间)表示需要对数正态方法。

(4)分界点的选择   本实验也可以以学生作为一个描述性的小组来进行(而不是消费者直接否定)。在这种情况下,应该开发出一套合适的特征来描述,如褐变度、褐斑程度等。实验可以进一步扩展,包括消费者评价(应该先完成)。为确定小组规模、限制和参考标准,可预先进行简要的小组培训练习,然后是描述性评级。基于虚拟消费者 50% 拒绝所对应的时间或其他标准,实验记录的目的可以扩展为获得一个可描述的分界点。这对消费者选择数据和相关描述的曲线拟合以及相关性分析来说是很好的训练。

15. 3. 4. 2   实验设备
用于播放幻灯片或类似程序的电脑投影仪、拍摄水果的数码摄影机。

15. 3. 4. 3   实验用品
外观品质优良的新鲜水果。为了简单起见,建议使用香蕉。这种水果在大约两周内,其视觉效果会变差。

15. 3. 4. 4   进一步的背景和时间功能
通常使用位置和形状参数来描述事件的分布(如平均值和标准差)。如果有钟形对称分布,那么两种可能分别为简单正态分布和 logistic 分布,如下所示与时间相关的事件的正态分布函数:

$$F(t) = \Phi\left(\frac{t-\mu}{\sigma}\right) \tag{15.4}$$

由于许多依赖时间的过程不是正态分布或对称的,因此需要建立对数正态分布的模型。在这种情况下,事件的分布是右偏的,但随着时间的推移这种右偏会变得越来越少见。然后拒绝函数描述如下:

$$F(t) = \Phi\left(\frac{\ln(t)-\mu}{\sigma}\right) \tag{15.5}$$

其中,Φ 是累积正态分布,μ 是均值,σ 是标准差。该模型是关于时间的函数。

logistic 函数是另一个常见的选择,该函数最初用于模拟人口增长,更接近一些自然极限(如微生物生长):

$$F(t) = \frac{1}{1 + e^{-1}} = \frac{e^1}{1 + e^1} \tag{15.6}$$

这种关系通常以 logistic 回归为模型,在此模型中,其中用优势比的线性函数来拟合斜率和截距参数:

$$\ln\left(\frac{p}{1 - p}\right) = b_0 + b_1 t \tag{15.7}$$

其中,p 是拒绝概率$[p = F(t)]$,b_0 和 b_1 是拟合函数的参数。在某些情况下,用 $\log(t)$ 代替 t。

第 IV 部分
感官评价统计问题集

16　统计数据的示例问题集

统计数据的示例问题集 16

16.1 练习1：平均值、标准差和标准误差

不要使用统计软件包。列出你的计算过程。没有计算 = 没有分数。注意不要使用 Excel 统计功能。如果你愿意，可以在 Excel 或类似的电子表格程序中验算你的计算总和。

我们从优化加热胡椒产生的香气来开发一个脆片类小零食。这两种替代配方的感知口腔"灼烧"强度由从实验室随机+挑选的 15 个人组成的两个小型评价小组来评定。

这些评分采用了如下所示的相对于标准的量值估计方法，采用百分制，对于达到项目标准的目标（未透露给小组成员）给予"20"的评分。

(1)对于每个组（产品），计算数据的平均值、标准差、标准误差和中位数。

(2)接下来，对数据进行对数转换并计算几何平均值。几何平均值是 N 项乘积的 N 次根。在实际计算中，首先是取对数，然后取平均值，然后取平均值的反对数。

(3)讨论主要从以下方面展开：

a. 关于香气水平你有什么结论？它是否接近 20 的目标/标准等级？

b. 关于对称和离群值的数据集你注意到什么？例如，它们看起来像一个钟形曲线分布吗？离群值是一个数据点，它与大多数其他数据点非常不同。

c. 几何平均值与平均值和中位数相比较是怎样的？

d. 在为这次测试选择小组成员时，你认为哪些因素可能是重要的？

16.2 练习2：基于二项式统计的鉴别测试

通过 ABX 测试来确定一些小组成员在松软干酪中可能检测到的添加的二乙酰的数量。进行两个测试。在两个实验中，参照样都没有添加二乙酰（但可能有少量来自发酵剂培养或发酵过程）。测试样品 389 添加 1mg/kg 双乙酰。测试样品 456 添加 2mg/kg 双二乙酰。在测试样品 389 时，即在第一次 ABX 测试中，有 36 名消费者参与，有 24 个人将测试样品与正确参考项目相匹配。在测试样品 456 时，即第二次 ABX 测试中，有 15 名消费者参与，有 10 人将测试样品与正确参考项目相匹配。

（1）每个测试的正确比例和 z 分数和 p 值是多少？

（2）哪个测试是数据上很显著的？回想一下，测试是单尾的，临界 z 值是 1.645。

（3）在应用校正（雅培公式）后，每次测试中鉴别符的估计比例是多少？

（4）重复 15 个实验对象的测试（同样的人再次测试），这次 15 个测试对象中有 13 个匹配正确。你认为这可能会改变呢？（你认为为什么会发生这种变化呢？）15 个人中的 13 个人或者更多人匹配到正确参考项目的确切概率是多少？［提示：对所需要的项进行二项展开，并对概率进行求和；参见 Lawless 和 Heymann（2010）的二项扩展示例。］

（5）零假设是什么？备择假设是什么？（一定要区分样本占比和人口比例！）

相关方程有：

$$z = \frac{(p_{obs} - p_{chance}) - \left(\frac{1}{2N}\right)}{\sqrt{\frac{pq}{N}}} \tag{16.1}$$

$$p_D = \frac{p_{obs} - p_{chance}}{1 - p_{chance}} \tag{16.2}$$

$$p(X) = \frac{N!}{X!(N-X)!}(p_{chance})^X (1 - p_{chance})^{N-2} \tag{16.3}$$

其中，p_{obs} 是正确答案的比例，p_{chance} 是机会概率水平，p_D 是鉴别器的比例，$p(X)$ 是在二项分布情况下总共 N 次测试中 X 次出现的概率。

16.3   练习 3：t 检验

一组专家将采用 10 分制将两种产品按香味的强度进行评分（1 = 低，10 = 高），并采用（"配对"）t 检验判断差异是否显著。然后做一个成组 t 检验，就像产品随机分配给两个不同的评定小组，看是否还有区别。

（1）计算：平均值

a. 标准差。

b. 平均值的标准误差。

c. t 值为配对测试。

d. t 值独立组。

显示：t 检验（配对 t 和独立组 t）的计算。

回答下列问题：

（2）哪个产品获得更高的评分？

（3）哪个 t 检验似乎更敏感？为什么？有专家评价两种产品的优势是什么？为什么这两个测试给出了不同的答案？

（4）你的零假设和备择假设是什么？

16.4 练习 4：简单相关

一位蔬菜科学家想知道工具测量的含糖量和冷冻玉米感觉到的甜味和淀粉质地之间的关系。在不同时间收集大量样品并提交给仪器分析和描述性小组。计算每个"批次"的平均值，并将样本数据集中给出。

(1)找出每对测量值之间的简单相关性（"皮尔森积矩相关性"，通常用字母 r 表示）。

(2)这些 r 值是否具有统计显著性（即绝对值大于零的相关性）？你可以使用一个简单的 t 统计量，其中 N 是观察对的数量，有 $N-2$ 个自由度。

(3)你可以为客户（素食科学家）得出什么结论或建议？有用的方程：

$$r = \frac{\sum XY - \left(\frac{\sum X \sum Y}{N}\right)}{\sqrt{\left[\sum X^2 - \frac{(\sum X)^2}{N}\right]\left[\sum Y^2 - \frac{(\sum Y)^2}{N}\right]}} \tag{16.4}$$

$$t = r\sqrt{\frac{N-2}{1-r^2}} \tag{16.5}$$

16.5 练习 5：单向和双向方差分析

参阅 Lawless 和 Heymann（2010）著作的统计附录 C 获取更多帮助和实例。

巧克力牛乳生产商希望将其产品（"own"品牌）与本土竞争对手和由粉状混合物制成的全国性品牌进行比较。每个牛乳的甜味强度为 9 个点，如样本数据所示。12 个小组成员对这三个样品进行了评分。数据被编码为从 1 到 9 的分数。

(1)做一个简单的单因素方差分析，就好像有三个不同的人对每一种牛乳进行评价。显示计算和方差分析表（Ss、Df、Ms、F）。显著性的阈值 F 是什么？产品是否存在显著性差异？

(2)执行一个双向（"重复测量"）方差分析表，将小组成员的差异与误差分开。将 12 名成员视为一组，每名小组成员都品尝每份牛乳，列出计算和方差分析表。显著性的临界值 F 是什么？产品是否存在显著性差异？

(3)哪个方差分析揭示了更大的差异？（如果找到。）

16.6 练习 6：方差分析的平均值比较

测试由 14 名训练有素的小组成员进行，评价三种产品的风味强度。平均值如下所示。产品平均值：

产品 A	产品 B	产品 C
6.55	5.36	4.33

进行双因素方差分析。小组成员 SS 和 MS 在本次练习中不需要,因此不会显示。记得在计算误差时从总计中减去小组成员 df。

变异来源	SS	df	MS	F
产品		2	31.2	
误差	42.16			(N/A)

(1)填写方差分析表中的四个空白(使用所提供的信息)。(提示:你不需要计算平方总来获得产品 SS。)

(2)是否有证据表明产品存在显著差异?(解释为什么或为什么不。)

(3)对三种产品方式进行 LSD 测试。展示你的工作。哪对是不同的?

(4)对三种产品方式进行邓肯测试。展示你的工作。哪对是不同的?

重复测量方差分析见 Lawless 和 Heymann(2010)附录 C 第 510~512 页的完整方块设计部分。LSD 测试和邓肯测试的例子见 Lawless 和 Heymann(2010)附录 C 第 513~514 页。

16.7　练习7:等级顺序测试

在实验室的接受度评价小组中,有 15 人对三种口味(凤梨、蒜和薄荷)进行了排名,筛选出最适合搭配松软干酪的口味。数据集显示等级;一个等级是最受欢迎的。

(1)通过 Kramer 秩和检验或 Newell 和 MacFarlane[详见 Lawless 和 Heymann(2010)第 563 页]和 Friedman 非参数"方差分析"分析这些数据。

(2)使用下方 LSD 测试公式,比较所有三对产品的排名。给出所有测试结果的重要依据。

(3)对每对数据进行符号检验,并报告概率和显著性。请记住,这应该是双尾的,因为它们是偏好排名。

相关公式:

$$\chi^2 = \left\{ \frac{12}{[K(J)(J+1)]} \left[\sum_{j=1}^{J} T_j^2 \right] \right\} - 3K(J+1) \tag{16.6}$$

在弗里德曼的"行列方差分析"中检验了差异的存在性,作为 K 行(法官)和 J 列(产品)表的 $J-1$ 自由度的卡方变量,其中 T_j 是列总计。

$$LSD = 1.96 \sqrt{\frac{K(J)(J+1)}{6}} \tag{16.7}$$

为了比较单个产品,对于等级总和的 LSD 测试要求最小差异等于由 K 个小组成员排列的 J 个项目。

16.8　教师的注意事项

在没有统计程序的情况下,设计了 7 个问题集,可以手动计算。指导教师应确定学生用手动计算还是使用统计软件。一种理念是:如果他们自己计算的话,学生们会更好地学习这些程序,会有更充分的理解。

　　一个折中方案是允许使用电子表格程序进行求和、平方和其他简单的任务。这可以帮助消除输入错误。然后,学生可能被要求展示额外的计算,以及如何在统计方程中使用得到的和平方值。

　　学生将会来到一个具有不同统计背景的感官评价班。有些课程需要一个统计课程作为先决条件,但是,除非学生最近参加了考试,否则他们可能还不会这些技能。

　　这些问题的设计是为了确保统计专业的基本水平。根据课程的水平,可能会涉及更高级的课程。这些练习的例子可以在 Lawless 和 Heymann(2010)著作的统计附录部分找到。

16.9　扩展阅读

HT, Heymann H(2010)Sensory evaluation of foods, principles and practices, 2nd ed., Springer Science+Business, New York.

16.10　附件:样本数据和开放数据表

练习1:平均值、标准差和标准误差

样本书数

组1,产品1	级别	组2,产品2	级别
评定1	11	评定1	16
评定2	16	评定2	18
评定3	23	评定3	22
评定4	35	评定4	38
评定5	25	评定5	17
评定6	18	评定6	63
评定7	22	评定7	39
评定8	18	评定8	15
评定9	22	评定9	16
评定10	24	评定10	23
评定11	22	评定11	22
评定12	29	评定12	75
评定13	15	评定13	22
评定14	14	评定14	10
评定15	16	评定15	12

开放数据表(必要时可复制)

可以使用下面这种表格展示计算过程(这样有助于使你的序号看起来很有条理):

评定序号	组1			组2		
	数据("X")	X^2	$\log X$	数据("Y")	Y^2	$\log Y$
1						
2						
3						
4						
5						
6						
7						
8						
9						
10						
11						
12						
13						
14						
15						
SUM						

练习3:t 检验

样本数据

组员	A产品	B产品
1	3	5
2	5	5
3	4	6
4	5	7
5	6	9
6	5	4
7	6	8
8	7	5
9	7	8
10	7	6
11	7	9
12	3	7
13	5	8
14	7	9
15	8	9

开放数据表(必要时可复制)

评定序号	A 产品		B 产品		差异性, D	
	数据("X")	X²	数据("Y")	Y²	X−Y	D²
1						
2						
3						
4						
5						
6						
7						
8						
9						
10						
11						
12						
13						
14						
15						
SUM						

练习 4:简单相关

样本数据

甜度评分	糖浓度/(g/L)	淀粉质评分
7	80	2
4	50	5
6	60	3
7	81	2.5
2	31	6
1	32	8
2	33	7
6	70	4
5	61	1
8	72	1.5

开放数据表(必要时可复制)

评定序号	变量1		变量2		乘积
	数据("X")	X^2	数据("Y")	Y^2	$X*Y$
1					
2					
3					
4					
5					
6					
7					
8					
9					
10					
SUM					

练习5:ANOVA

样本数据

组员	全国性竞争对手	地方竞争对手	自有品牌
1	7	4	3
2	9	6	5
3	7	3	6
4	4	2	6
5	9	7	5
6	8	4	6
7	4	2	1
8	3	1	2
9	6	4	2
10	3	2	1
11	7	5	4
12	8	6	4

开放数据表(必要时可复制)

评定序号	变量1		变量2		变量3		SUM(行)	
	数据("X")	X^2	数据("Y")	Y^2	数据("Z")	Z^2	$(X+Y+Z)$	SUM^2
1								
2								
3								
4								
5								
6								
7								
8								
9								
10								
11								
12								
SUM(列)								?
SUM^2		?		?		?		?

注:? 表示这个单元格或总计可能不需要,所以在填写之前需先检查一下公式。

练习7:秩次检验

样本数据

组员	菠萝	大蒜	薄荷
1	1	2	3
2	2	1	3
3	3	2	1
4	1	2	3
5	1	2	3
6	1	2	3
7	1	2	3
8	3	1	2
9	1	3	2
10	1	2	3
11	2	1	3
12	3	1	2
13	1	3	2
14	1	2	3
15	1	3	2